第四章

园林巧构

我国古典园林艺术的宗旨是"虽由人作，宛自天开"，即它是将自然界美丽的景色经过组织、浓缩，按艺术家的构思，再现出来的一种艺术。它既讲究景色的天然之趣，又强调艺术家主观意识的熔铸；既突出山水花木等自然之物的造景作用，又重视其他艺术手段的辅助和点缀。在园林的布局结构中，建筑是造园家对山水植物景观进行加工点缀的主要手段，而在造园的三大要素中，唯有亭台楼阁和廊桥等建筑才是完全由人工创造的，它们在园林中常常集中表现出造园家在艺术上的奇思异想，起着很大的作用。

游居结合谱新曲

中国园林是一个覆盖面较大的艺术门类。除了人们熟知的帝王苑囿花园和文人的私家花园之外，还有寺庙建筑的附属花园和城镇郊区供大众游览的山水风景园林，甚至那些长期经人们开发管理的名山胜水风景区，也可归属到园林艺术中来。尽管园林分类很多，但它们的立意是一样的，都是要创造出一种游居结合的良好环境。

北宋画家郭熙在评论山水画时说过："山水有可行者，有可望者，有可游者，有可居者。画凡至此，皆入妙品。但可行可望，不如可居可游之为得。"这是对古典园林影响较深远的立论。其实，绘画只能将立体的山水风景转化为平面的形象，它所表现的游居境界很大程度上是欣赏者的一种审美联想，只有园林艺术才能再现自然山水的美色，使人们能真正进入艺术作品内部，"游""居"于其中。而园林的"可游""可居"是与园林建筑直接相关联的。

山水植物等自然景观当然是游赏的重点，但要是没有人工创作的廊、路、桥和亭台楼阁等建筑的组织与指引，这些山水最多只能从远处观望一下，谈不上什么游居。另外，作为一种人工创作的艺术品，建筑以它的体量和姿态，常常成为山水风景中的主题，对游赏者有着特殊的吸引力。古园中的许多名景，也每每和建筑相关联。而可居更是少不了建筑，那宴客集会的主要厅堂，那静心读书的幽静小斋，还有赏荷赏月的临水月台，都是园居的重要内容。因此，尽管园林有着不同于建筑的思想内涵，但仍然要以建筑作为布局和造景的主要手段。园林建筑实际上是山水景物和游人之间的一种过渡，它不仅能引导人们去欣赏美丽的山容水态，又可利用自己的庇护作用给游人提供诸如遮阳、避雨、小憩和品茗等观赏上的方便。这也是建筑被列为造园三大要素之一的原因。中国的园林风景和建筑间的密切关系被认为是自然与人和谐合一的一种表现，一直为人们称赞。曾有英国艺术史家说："园林成为一种成功的事物，它就是游山玩水经验的反映和模拟创作。当人们置身其境时有如在最荒寒的山水画中，其间差不多常常都有一些人物、茅舍、山径和小桥。建筑和自然间没有被分割开来。中国的园林较之欧洲有更多的建筑元素，这种合而为一的东西是中国传统上的一种伟大的成就。"

建筑是一门独立的艺术，有着自己的规律和艺术原则，像我国建筑的木构架结构系统，由台阶、梁柱和屋面组成的三段式造型，向上反曲的大屋顶，按中轴线层层递进的群体组合方式，都被认为是东方建筑艺术的主要特点。但是当建筑走进园林，为了要与山水风景融合在一起，就必须对这些特点进行选择，而形成园林建筑的独特个性。

园林建筑具有随宜多变的特点。正规古建筑那种强调中轴线、对称的群体布局方式首先被摒弃了。为了适应山水地形的高低曲折，园林建筑布局极为随宜多变，可在山巅，可在山际，就连那些作为主要起居活动场所的厅堂，也可从赏景的目的出发，灵活布置。这种顺应自然、自由随宜的布局，与古代道家宣扬的"清静无为""天地有大美而不言"的思想有很大关系。中国古典艺术受儒家和道家的影响最大，建筑艺术亦然。正规建筑的对称、覆压地面四平八稳的布置就是受了儒家宗法伦理思想的制约。作为儒家的对立面和补充，道家提倡的顺应自然、浪漫自由的思想就更多地在园林建筑上得到反映。

由顺应自然所派生，园林建筑的形象也就具有多曲的特点。自然山水风景多数呈柔和的曲线，很少有笔直方正的几何形状。因而园林中的亭台楼阁也要与之相呼应，尽量地"曲"，除了体现最基本力学规律的梁柱构架必须保证垂直之外，其他平面常常变为六角、八角、圆形、扇形、梅花形等。本应该以直线组成的路、桥、廊等也可因宜地变成曲径、曲桥、曲廊，建筑的屋顶外形、屋角起翘、檐口滴水、檐下挂落以及室内梁架等部件也呈现出很协调的曲线。为赏景而设的美人靠几乎全用曲木制成，连踏步、台阶也常用自然石块来铺。这种由"直"至"曲"的改变，使建筑与周围的风景环境能和谐地组合在一起。从道家观念来看，这些非对称、不规则、曲折起伏而多变的形状正是对自然本源的一种神秘、深远和持续的感受。

　　与正规殿堂建筑相比，园林建筑风格较为雅朴。"雕梁画栋"是古代诗人形容建筑美的常用语，前面介绍过的几大类建筑也都有比较华丽的装饰。而园林建筑基本上不使用宫

颐和园仁寿殿

殿、庙堂等正规建筑常用的彩画和雕刻等繁缛艳丽的装饰，
而是追求一种雅朴的风格。"雅"是我国传统美学中一个很
特别的范畴，通常是指宁静自然、简洁淡泊、朴实无华、风
韵清新。这些意境在园林建筑上均有所体现。例如，颐和园
东宫门内的仁寿殿，是清朝皇帝园居时接见大臣宾客的殿
堂，但它却没有像宫殿那样用琉璃瓦铺顶，檐下也不施宫廷
专用的和玺彩画。当年西太后起居的乐寿堂和前边的庭院布
置得也很雅静，全无宫廷大内那种豪华繁缛的装饰。

拙政园海棠春坞

　　江南园林中的一些巧筑，更是简洁淡泊之极。就说开间吧，正规建筑一般采用一、三、五、七等奇数，级别越高，开间也越多。而在园林中，非但常有二、四的偶数间出现，而且还根据需要出现了一间半和两间半的形制。如苏州留园东部的揖（yī）峰轩，是石林小院中面对石峰的小斋，这里庭小景精，石峰、翠竹、芭蕉组成了小而雅的欣赏空间，小斋为了配合，采用了两间半的布局。同样，苏州拙政园的海棠春坞也是一小庭院内的主建筑，院中以垂丝海棠和石峰造景为主题，小斋也只用了一间半的形制。正是由于建筑做出了巨大"让步"，才使这两处小院景色呈现出雅洁、别致、活泼的风貌。

　　园林建筑一般还具有空透灵巧的特点。正规建筑中，"实"的围墙在园林中往往被"虚"的栏杆和空透的门窗所代替，一些位于风景精华之处的亭阁小筑，干脆连门窗也不要了，四根柱子顶着一个屋顶就成。在这些建筑内，人们可以自由自在地环顾四周、尽情赏景，正如古人所说："常倚曲栏贪看水，不安四壁怕遮山。"同时，建筑的空透开敞又使室内外空间互相流通、打成一片。从外面来看，亭榭很自然地融在整个风景环境之中；而在建筑中的游人，也同样能感

颐和园山色湖光共一楼

受到外部山水空间的迷人。北京颐和园前山西面，有座阁楼叫山色湖光共一楼。这里既能看见玉泉山和玉峰塔，又能俯瞰昆明湖的碧水清波，通过它开敞的"四壁"，几乎把外部山水空间的景致都引接到建筑中来。再如"画中游"小亭，并不是指亭子如画，而是说亭子所处的山水环境美得如同画一般。游人走进亭子，也就是来到了如画的风景中，这就是园林建筑的奇特之处，正如计成所著的《园冶》说的："轩楹高爽，窗户邻虚，纳千顷之汪洋，收四时之烂漫。"

园林建筑还直接将文学艺术和建筑结合在一起，将充满诗情画意的园林意境，通过文字的勾勒在建筑的楹联和匾额上表现出来，建筑因为有了题对而增添光彩，而题对也因刻在建筑上而声名更著，两者相辅相成，相映生辉。匾额是园林建筑的眉目，它常常点明园林意境的主题。像上文所举的"画中游""湖光山色共一楼"等，其实都是建筑的题额，既是景名，又是风景意境的精华。其他如圆明园四十景、避暑山庄的康熙三十六景和乾隆三十六景等景名，也常常用景区主建筑的题额表示出来。有的建筑因为用了历史上著名文学家的诗句或文学故事作题额，也大大增加了风景的诗情画意。如安徽滁州西郊的醉翁亭，因为欧阳修的游历和《醉翁

颐和园画中游小亭

亭记》而吸引着大批游人。还有取自白居易诗句"更待菊黄家酿熟，共君一醉一陶然"的陶然亭，取杜牧诗"停车坐爱枫林晚，霜叶红于二月花"的爱晚亭等，都是建筑及题额双绝的著名园林景亭。

楹联更是园林艺术不可少的点景方法，也是园林建筑最耐人寻味的装点。楹即柱，楹联便是刻在木板或竹子上、挂在柱上的对联。好的楹联常把赏景者也结合进去，使游人读后会从心田升起强烈的美感。如杭州西湖孤山的楼外楼，有一联："客中客入画中画，楼外楼看山外山。"每一个读到此联的游人都会被"画中画"所打动，他们环顾四周，但见"淡水浓山画里开，无船不署好楼台；春当花月人如戏，烟入湖灯声乱催"的西湖美景，更会品味到"楼外楼看山外山"的意境。有的楹联能将建筑题额的内涵展得更宽更广。如"平湖秋月"景观中临水的一处小轩上，悬有清人彭玉麟一联："凭栏看云影波光，最好是红蓼花疏，白蘋秋老；把酒对琼楼玉宇，莫辜负天心月到，水面波来。"上联以云影波光、红蓼白蘋点出深秋西湖的美色，下联以把酒对月、月到天心描绘了湖月的宁静。全联情景交融，读来使人心神陶醉。

点景赏景总相宜

亭是古典园林中建得最多的一种园林建筑，它们或屹立于山峦之巅，或依附在高墙之下，或漂浮在水面之上，以玲珑美丽、丰富多姿的形象与其他风景相配合，构成一幅幅引人入胜的图画。亭又是游人赏景和休憩的好地方。园林风景中，凡建亭之处，每每有佳景可看，毕竟它是造园家指导游人从动观浏览转为静观细赏的常用手段。由于亭的体量小、变化大、造型设计比较灵活随意，因此是造园艺术家最喜爱用的点景赏景兼顾的园林建筑。

亭的历史十分悠久，但古代的亭其实并不是园林建筑。周代时，亭是设立在边防要塞的小堡垒。秦汉时，亭是中央政府驿站交通的管理机构，汉高祖刘邦就做过亭长。所谓"十里一长亭，五里一短亭"，主要也是指路旁供休息用的亭。到南北朝时，亭开始出现在风景中，如隋代江总曾写过《永阳王五斋后山亭铭》。隋唐时，园林中的亭逐渐多起来了。隋炀帝的西苑有逍遥亭，唐明皇的兴庆宫有沉香亭。到了宋代，亭已是园林中不可少的建筑了，建筑专著《营造法式》还专门记述了亭的图式和建造技术。但亭原有的供人

休息的作用一直没失去，《园冶》中仍说"亭者，停也，所以停憩游行也"，只不过为了置景之需，变得更灵活更轻巧罢了。

园亭欣赏，首先看它选址地点的巧妙，然后品其姿态造型，唯有两者结合，方能领悟造园家奇巧的匠意。例如北京北海公园湖岸的北端比较平直，地势也低平，从南岸或琼华岛看来，景色显得比较呆板。造园家便在这里设立了一组园亭——五龙亭。这五座亭子布局极为巧妙大胆，它采用了一般园林少用的对称格式，中间的龙泽亭凸出湖岸最远，两

北海五龙亭

侧的澄祥亭和涌瑞亭稍退后，再次的滋香亭、浮翠亭离岸最近。为了突出中心，五亭的屋顶也用了不同形制，滋香亭、浮翠亭为单檐方攒尖；澄祥亭、涌瑞亭为重檐方攒尖顶；龙泽亭最高大，下层为方檐，顶竟变成圆顶，出现了方亭带圆帽的别致造型。这样从塔山上或湖东岸看来，这五座水亭绚丽多姿、前后参差，各亭间有曲桥相连，很自然地丰富了北海北岸的景色。

亭安排得得当，也能强化勾勒出山景的美。景山是故宫的北部屏障，相对来说山形较为平直。为了使山更富于变化，在山上五峰之巅各立一亭，五亭的平面和屋顶形式均不同：最外侧两峰上东建观妙，西建辑芳，均是体形较小的蓝琉璃瓦重檐攒尖圆亭；主峰两侧山峰上置以体量稍大的绿琉璃瓦重檐八角攒尖顶亭各一座，东名周赏，西名富览；而中间正对故宫中轴线的主峰上，建了一座非常高大的三层檐黄琉璃瓦方亭——万春亭。造园家用亭的不同形制、不同颜色、不同体量来强化中间轴线的重要，同时又很巧妙地勾勒出山形的高大曲折。

颐和园知春亭

从观赏山水风景的角度上说，颐和园东堤上的知春亭是构思甚为机巧的一座。站在亭内，前方180°视角范围内，几乎可以收入颐和园全部精华之景：从北面万寿山前山各景到西堤六桥堤柳，远处的玉泉山，更远的一抹如黛的西山，直至南面的南湖岛、十七孔桥、铜牛，形成了恰似中国画长幅手卷式的完整的风景画面。在这画幅上，近景、中景和远景配合得非常妥帖。前山的排云殿、佛香阁和智慧海等著名景点恰恰都位于最佳观赏距离之内，游人能细心品赏它们的整体气势和造型。而从乐寿堂等万寿山沿湖景点眺望东堤，知春亭站在东堤之前，四周水波荡漾，又增加了湖面的层次变化，是很好的景点。

江南的湖山风景园林，也极重视亭景的塑造。据《西湖新志》载，杭州西湖风景中，著名的亭子有四十六座。如瀛洲岛（三潭印月）九曲桥上的"开网亭"，三柱三角，造型雅致；飞檐翼然，姣小娟好，被誉为小亭之首。而建于湖心亭岛上的振鹭亭（即湖心亭），重檐攒尖，飞檐翘角，好像是镶嵌在西湖这一轮美丽镜月中的广寒宫。明代文学家张岱在《西湖寻梦》中赞美道："游人望之如海市蜃楼，烟云吞吐，恐滕王阁、岳阳楼俱无其伟观也。"再如绍兴兰亭园中著名的兰亭，为纪念东晋大书法家王羲之而设。兰亭四方单檐，为突出其在园中的地位，亭顶建得特别考究，在四坡攒尖顶结顶时又特意做了两层叠起的小平台，这在建筑上称为盝顶，上面再置一个小小宝瓶，显得非常别致。

中国古典园林"巧于因借"，常常利用建筑和山水的相对关系，使它们能互相衬托、互相借鉴。因此园亭的设置也十分注意通过门洞、窗洞来创造完美的对景和框景。有时为了画面的新奇，还设计了不同造型的门窗形式和建筑平面，

西湖开网亭

与谁同坐轩

其中扇形是经常见到的。苏州拙政园西部的"与谁同坐轩"就是一座扇形亭。亭的平面形式、前后窗以及室内家具均作折扇形。小亭的选址非常巧妙，正好位于一个小岛的尽端，三面临水，一面背山，其扇形张开的一边正好位于水边，有很广阔的景观视野，从面水的大扇形窗向外望，池对岸的石矶高高低低，曲折的波形临水长廊漂浮其上，远远又正对着别有洞天的圆形洞门。扇形窗两边是两个古式瓶形洞门，一边对着倒影楼，一边可看到园内主要厅堂"卅六鸳鸯馆"，而面山的那一小扇形窗中又正好映入山上笠亭的倩影。坐亭中凭几小憩，左右环顾，所见的是大小形状不同的园林风景画，选点之妙，由此可见。亭外题额"与谁同坐"取自苏东坡的词句"与谁同坐，明月清风我"，更是点出了此处清幽、洁净的意境主题。

与谁同坐轩对面黄石山上的宜两亭，是专为借景而设的。当年拙政园西部与中部分属于两家，为了能借入中部的湖山景色，便邻近围墙建了这座高踞山巅的小亭，以白居易"绿杨宜作两家春"的诗意，取名为"宜两亭"，堪称是园林借景的大手笔。

拙政园宜两亭

园亭常用圆形门或窗来"框"景，因为圆在中国人的心目中象征着美好、团圆、周而复始和永恒无尽。而圆景又有点类似宫扇上的山水画，很别致。有的亭四面辟四个圆门，各收入外边的佳景，像扬州瘦西湖中的吹台（现名为钓鱼台），三边临水，一门环住五亭桥，一门环住

瘦西湖吹台

小白塔，一门环住小金山上的风亭，如此机巧的设计令每个游人都叫绝。拙政园的梧竹幽居也是如此。此亭位于中、东部隔墙长廊中间，对山面水，广栽梧、竹，是一个"凤尾森森，龙吟细细"的幽静之处。四圆洞门可看不同的园景。在面水的洞门两边挂有一联，上联是"爽借清风明借月"，下联为"动观流水静观山"，题额是"月到风来"。不仅道出了绿水清波、磊块假山的动静对比，还借入了大自然的清风明月，构成了虚实相济的迷人意境。

在城郊风景园林中，亭常常是组织游览、点明风景主题的主要风景建筑。例如桂林的叠彩山，是风景区的制高点，园林设计家在山脚到山顶的游览线上，设置了三座形状各异的亭子。山下是"叠彩亭"，这是风景序列的起首，亭中悬"叠彩门"匾额，亭侧崖壁上有古人"江山会景处"的题字。行至半山，有"望江亭"在焉，青罗带似的漓江就在山脚下曲折流过。待到登上最高峰明月峰，便可见绝顶上立的"拏云亭"，这"明月""拏云"的题名使游人备觉其高，而于亭中外望，可谓极目千里，整个山似碧玉簪的桂林山水，统统伏于脚下。

园林亭子的变幻是没有穷尽的，有的亭子做得很大，其体量甚至超过一般的殿堂。如颐和园十七孔桥东边的廓如亭，面积达130多平方米，当年是皇帝停轿及侍奉人员休息用的。整座亭子由外圈二十四根圆柱和内边两圈共十六根方柱支撑着，顶为八角重檐攒尖式，体形舒展而稳重，气魄较大，和十七孔桥与南湖岛保持着一种协调的均衡。而江南园林假山的亭则做得很小，像苏州怡园荷花池西边山上的螺髻亭，因为要衬出池水的宽阔和假山的雄峻，做得如同螺髻一般小巧，六角形平面的每一边仅宽一米，高也只有二米多，伸手可摸檐口。而根据明代顾起元《客座赘语》所言，六朝陈后主的御苑装点得似花如锦，他为了与小周后两人尽情娱乐，专门造了一座仅能容两人促膝而谈的小亭，亭子雕刻华美，形体轻巧，人称"两人亭"。这大概是"亭史"上最小的亭了，比起螺髻亭还要小得多。

还有的亭子为了满足园主人在风景中玩乐的需要，在亭子地面上开凿了弯弯曲曲的小渠，将园林中的流水引入亭内，这就是流觞曲水亭。流觞曲水是古代文人集会时经常举行的一种游戏：人们沿曲折小溪坐开，上游第一人为主人，出题让下游各人对和。每次开始时，便在水面上放一大盘，盘上载酒一杯，顺流漂下，每当漂到某人面前，此人便要及时联上一句，否则便要罚酒三杯。历史上最有名的流觞曲水是东晋永和九年（353 年）王羲之等人在会稽兰亭的一次。这种边赏景边观水边开怀畅饮，同时以游戏形式进行创作活动的娱乐很为古人所喜爱，也成为古典园林的一个内容。到了宋代，在园亭中设流觞曲水已很盛行。当时官方编的《营造法式》中，已收录了多种流觞曲水的地面做法。清代乾隆皇帝在为自己引退后养老而修的乾隆花园内，也设置了此亭，这就是古华轩西侧的禊赏亭。流觞用的水来自衍祺门旁水井边上的两口大水缸，每次流杯前都要先命太监将水缸灌满。此外，北京恭王府花园园门右侧假山旁的流杯亭也保留

颐和园廊如亭

了当年流觞欢娱用的小沟渠。

　　总之，园林中各式亭子是根据园景的需要、游览组织和游赏功能的需要灵活创作的，它集中反映了造园家的天赋和奇想，是我国古建筑中的精华。

水光山色共一楼

　　"欲穷千里目，更上一层楼。"

　　人们游赏山水风景，都喜爱登高远眺，古典园林艺术的立意构思，也每每在高处设立楼台，以供游人凭栏远望。从园林借景、对景的艺术原则来说，远眺是借景很重要的一个方法，它能使局部的风景空间无限地延伸出去，将园外的山水林泉之景借入园内，为我所赏。所以一些位于城中的古园几乎都要建远看廓外青山的楼观。如苏州拙政园、沧浪亭的看山楼，留园的远翠阁，上海豫园的观涛楼等。计成在《园冶》中也明确指出"山楼凭远，纵目皆然"，只有站在高处，提高了赏景视点，才能"极目所至，俗则屏之，嘉则收之，不分町畽，尽为烟景"，才能使园林达到"纳千顷之汪洋，收四时之烂漫"的艺术境界。

因规模和范围的限制，一般文人园林中的楼台不能造得很高，登楼赏景所产生的"纵目皆然"的感受，还多少要加入观赏者本人的某些联想。而风景园林中的楼台就没有什么限制了。它们可以建得很高，或濒临大江，或耸立于山巅，其视野之广阔，景观之多样，完全可称得上是"仰观宇宙之大，俯察品类之盛"了，这样的极目远眺，的确"足以极视听之娱"。

楼常与台组合在一起，称为楼台，它是园林风景中的高耸建筑，其渊源恐怕要追溯到秦汉时的高台建筑。本来古时台的一个重要作用就是观望，只不过当时还没有将观望风景作为一种主要的目的。汉武帝听信了"仙人好楼居"的说法之后，在上林苑中建了许多高楼，当时称之为观。到了汉末，楼的赏景作用渐渐占了主导。像建安七子之一的王粲就作过一首著名的《登楼赋》，赏景抒情，抒发了远离家乡游

子的缕缕情思。到了南朝，随着山水风景区的开发和造园热的掀起，园林中、名胜风景中的楼房也建得多了，如著名的黄鹤楼就是在这一时期内建的。文人百姓"登百尺以高观，嘉斯游之可娱"也越来越多。所以游园赏景、登高望远的审美习惯都是在历史中养成的，它代表了我国园林文化的一个

岳阳楼

传统。

万里长江养育了中华儿女，也是祖国的一大名胜，有多少迁客骚人为之折腰。为了望尽孤帆远影和天际的江流，沿江上下，有许多城镇都设立了高楼，其中最出名的要算四大名楼：岳阳洞庭湖滨的岳阳楼、武昌黄鹤楼、马鞍山采石矶太白楼、镇江北固山多景楼。这些楼选址均很奇妙，每每居高临下、滨江近水，是古人清明踏青和重阳登高的好地方，往往发展成为这些城市重要的风景园林。

"洞庭天下水，岳阳天下楼。"自从宋庆历五年（1045年），滕子京守巴陵郡，重修岳阳楼并请范仲淹作记之后，岳阳楼名声大噪。那"春和景明，波澜不惊，上下天光，一碧万顷"的美妙风景，以及登楼时心旷神怡的赏景美感一直吸引着大批游人慕名前来。其实岳阳楼早在唐代已很负盛名了。开元四年（716年），当时谪守岳州的中书令张说，将原来位于城西门楼上故三国东吴的阅兵台改建为一座高大楼观，取名为岳阳楼。因楼濒临洞庭，朝晖夕阴、气象万千，所以不少诗人文学家均前来游历，李白、杜甫、白居易等大家都在这里留下了脍炙人口的诗篇。

从唐至清的一千多年中，名楼遭水灾兵火，几经兴废，

现在的楼是清同治年间所造，主楼平面为长方形，宽 17.24
米，深 14.54 米，全木结构，三层三檐总高 19.72 米，四面
环以明廊，以便人们登楼眺望那横无际涯、气象万千的湖光
山色。特别要提及的是岳阳楼的屋顶形制，它不是庑殿，也
不是歇山，而是形似古代将军头盔的黄琉璃瓦盔顶。盔顶形
状奇特，四条斜脊有明显的曲折变化，施工较为复杂，岳阳
楼的盔顶是我国现存古建筑中最大的一座。

黄鹤楼

巍然兀立在湖广重镇武昌长江边上的黄鹤楼，亦因诗人的逸事和名句而闻名天下。据传，唐代诗人李白游武昌蛇山黄鹤楼时，被眼前美景所陶醉而引发诗兴，但抬头一看诗人崔颢已有诗题壁："昔人已乘黄鹤去，此地空余黄鹤楼。黄鹤一去不复返，白云千载空悠悠……"李白深深为诗中所描写的情景所折服，随口说出"眼前有景道不得，崔颢题诗在上头"便弃笔离去。由于木构建筑，特别是高层楼阁易遭火灾，这座当年李白眺望"唯见长江天际流"的名楼在历史上不知毁了多少次。据记载，仅明清两代，就重修了八九次，而最后在光绪十年（1884年）被烧掉之后，一直没有重建。然而，根据北宋界画（古代使用尺和引线等工具描绘建筑物）、元永乐宫壁画等形象资料来看，当时黄鹤楼的确非常雄伟美丽，不愧为我国古建筑史上的一大名楼。

从画上看，宋代时的黄鹤楼，是一座很复杂的大型建筑，它雄峙在下瞰大江、紧邻城墙的高台上，有踏磴可下城墙之上，进楼之前尚有一牌坊以标名胜概。在高台上，主楼四周有小轩、曲廊和亭阁相绕。空间和体量极为丰富多样。建筑临窗皆有座，可供人们憩息宴饮、极目赏景。楼的屋顶更是尽其变幻之能事，高低错落、前后参差，主楼采用十字

李公麟《黄鹤楼图》，北宋

夏永《黄鹤楼图》（局部），元

脊，歇山山花朝前的华丽制式。檐下斗拱和挑台下斗拱相互呼应，曲栏、直窗又互为对比……总之，整座建筑有宾有主、重点突出，虽繁复但不杂乱，既华丽又庄重。正如北宋诗人张咏所写的："重重轩槛与云平，一度登临万想生。黄鹤信稀烟树老，碧云魂乱晚风清。何年紫陌红尘息，终日空江白浪声。莫道安邦是高致，此身终约在蓬瀛。"

元代壁画中的黄鹤楼，其屋顶形制、檐下斗拱、围绕以廊等均与宋代相差无几，只是楼前专门设立了赏景用的高台。主楼楼层有旱桥可直接上台，台围以雕栏，其形式与居庸关云台有些相似。后来每次重建时，黄鹤楼形式均有较大的改变，到清代同治、光绪年间，楼已变成三层楼三层檐、方形四角各折两折的亭楼式建筑了。现在我们看到的是1985年重建时以钢筋混凝土仿木的黄鹤楼，基本上按清代式样改建，只是要高大壮观得多。黄鹤楼集神话传说（其得名来自黄鹤的传说）、文学故事、诗篇辞章和建筑艺术、园林风景于一体，尽管新修楼阁尚不能完全反映当年盛时之面貌，但它离奇的经历和悠久的历史将会与山水共存，为美化山河做出新贡献。

"海神来过恶风回，浪打天门石壁开"，在安徽马鞍山当涂县天门山下，临长江有一处怪石峥嵘、松竹滴翠、悬崖壁立的险地——采石矶，因受天门山夹峙，大江千里泻流至此格外湍急。唐代大诗人李白晚年寄寓当涂，特别喜爱此处的山水。传说李白最后的时光也是在这里度过的，一次他在江边石台（现名捉月台）上痛饮，举杯邀明月，不见月下来，愤然跳入江流中捉月而仙逝。宋代诗人梅尧臣有诗曰："采石月下闻谪仙，夜披锦袍坐钓船，醉中爱月江底悬，以手弄月身翻然。不应暴落饥蛟涎，便当骑鲸上九天……"为了纪念李白，唐元和年间便在采石矶上建楼，名太白楼，也叫谪仙楼。楼亦饱经沧桑，多次毁坏，今存之楼是清光绪年间修造的。楼依山而建，前后共三进，左右回廊相绕，主楼为三层木构建筑，黄绿琉璃瓦重檐歇山顶。因后世文人十分崇敬李白，视他为诗仙，楼也修得雕梁画栋、气势轩昂，与诗人生前落拓的境况形成对比。楼内集有太白手书拓本和各种诗集，还有其黄杨木雕像。登楼远眺，但见青山对出、江水中流，翠峦叠起、亭阁隐现，景色绮丽无比，被誉为"风月江天贮一楼"。

镇江北固山素有"天下第一江山"之称，在山北临江的百丈悬崖陡壁上，兀立着一楼，宋代大书法家、大画家米芾

为之题额"天下江山第一楼",这便是多景楼。多景楼之名
声,首先在于它奇绝的地理位置。北固山高耸挺立,三面突
出于长江之中,站在天下江山第一楼中,八方景色皆汇于眼
前:低头俯视,万里长江奔腾而过,"洪涛滚滚静中听";极
目远眺,"行云流水交相映",维扬城郭遥遥相见;左右环顾,
金、焦二山像碧玉般浮在江面之上,"浮玉东西两点青",如
此博大壮阔的欣赏环境,在我国名楼中是独一无二的。难怪
苏东坡在其长诗《甘露寺》序文中称赞"润州甘露寺多景

楼，天下之殊景也"。晚唐诗人杜牧在《寄题甘露寺北轩一律》中，将此楼比作东海的蓬莱仙宫，"曾向蓬莱宫里行，北轩阑槛最留情"，诗中的"北轩"就是多景楼，因它位于北固山最北。其次，多景楼附近有许多与著名历史故事或人物相关联的景点。其东边临江，有当年孙权之妹孙尚香隔江祭奠刘备的祭江亭；其西侧有一形似绵羊的大石，相传孙刘二雄曾在此石上议论过共同破曹的大计；北边悬崖又是宋代名将韩世忠大破金兀术的地方；而山下不远处，是米芾以著

北固山多景楼

名的《宝晋斋研山图》换来、作为晚年定居润州的田庄。如此多样的景色、如此丰富的名胜，使这座被李白称作"画出楼台云水间"的名楼更加多情、更加完美。

"文因楼成，楼借文传"，四大名楼以其景色之奇美、形胜之雄险，引来历史上无数文人雅士为之歌吟、为之作文，而这些诗文名篇的流传又成功地扩大了名楼的影响，使它们能在千年之中不断重复修建，留存至今。这样的名楼在我国山水风景园林中是不少的。每当人们吟起"落霞与孤鹜齐飞，秋水共长天一色"这一名句，就会想起被誉为"西江第一楼"的南昌滕王阁。这座杰阁和唐初才子王勃的《滕王阁序》联系紧密。那"飞阁流丹，下临无地"，"披绣闼（tà，意为门帘），俯雕甍（méng，意为屋顶）"的华瞻雄伟的建筑美，那"潦水尽而寒潭清，烟光凝而暮山紫"的自然风光美，使人们怎么也忘不了滕王阁。这座楼阁在一千三百多年中，重新修建了二十九次，不能不说是《滕王阁序》的功绩。

历史中有的小楼本来并不出名，但因为有好诗文而得以传了下来。如山西永济市的鹳雀楼。此楼地处晋南中条山一隅，地偏人稀，建筑上也没有什么特色，但经唐代诗人王之涣《登鹳雀楼》一诗的传诵，它就随着"欲穷千里目，更上

滕王阁

一层楼"的名句千古流芳。文学名篇与风景建筑之间这种互相依存、互相衬托的辩证关系可称得上是我国建筑文化的一大特色，在世界上是没有先例的。

另一座与名人名诗连在一起的名楼是龙标（今湖南黔阳）的芙蓉楼。"醉别江楼橘柚香，江风引雨入舟凉。忆君遥在潇湘月，愁听清猿梦里长"，这是唐代著名边塞诗人王昌龄晚年被贬到龙标当县尉后的诗作。诗人到了这个当时十分荒凉僻远的地方，虽然处境非常艰难，但他却建楼台，栽花草，改造自然山水，修筑园林，并邀朋友共游赏，吟诗作

黔阳芙蓉楼

赋，醉心于山水林泉之中，写出了"莫道弦歌愁远谪，青山明月不曾空"这样潇洒、乐观的诗句。芙蓉楼，就是诗人当年饮酒赋诗的地方。楼成之后，宾客盈门，盛极一时，成为湘西沅江上的一大名楼，亦被后人称作"楚南第一胜迹"。

现存芙蓉楼是清代所构，纯木结构，面阔三间，重檐歇山顶，二层有轩廊可供眺望远山近水，古人称之"登眺则群山拱翠，俯视则万木交阴，沅水自北来环其下"，风景甚为清幽秀娴。主楼后凿有水池，名"芙蓉池"，四周遍植芙蓉花，并点以山石、廊桥等园林小景。池畔不远处立一小亭，隔池与芙蓉楼相对，名为冰心玉壶亭，这是取诗人《芙蓉楼送辛渐》诗句而命名的。全诗镌刻在芙蓉楼的石碑上："寒雨连江夜入吴，平明送客楚山孤。洛阳亲友如相问，一片冰心在玉壶。"由此，后世文人常用"一片冰心在玉壶"来表明自己光明磊落、清廉自守的胸怀。

说到古代楼房构筑的奇巧，不能不提山西万荣县的飞云楼。和大江上下的崇楼杰阁相比，飞云楼实在是一个小弟弟。它既没有岳阳楼上脍炙人口的诗文，又缺少黄鹤楼那神奇美丽的传说，凭楼所能看到的也只是"牧人驱犊返，猎马带禽归"的朴素田园之景。但飞云楼却以它复杂精巧的建筑结构，丰富多姿的艺术造型，在我国木结构楼阁之中，占有一席之地。

山西飞云楼

飞云楼创建于唐贞观年间，现存楼是清乾隆年间重建的。楼总高约 40 米，共四层，底层中央有四根通天柱直达顶层，与周围三十二根木柱共同支撑着高耸而复杂的楼体。楼底层平面作正方形，面阔、进深各五间。第二、第三层四面各出一个抱厦，平面变成"十"字形。二、三层抱厦的小歇山顶与四层上十字脊歇山屋顶巧妙地组合在一起，构成了飞云楼极其丰富的轮廓线。各层檐下，总共有三百零七组斗拱，重叠密致，宛如云朵簇拥、鲜花盛开，它们与檐头三十二个起翘的翼角相交织，予人以凌空直上、飘然欲飞的感觉，所以得名飞云楼。楼顶用红、黄、绿琉璃瓦铺盖，檐角悬挂着清韵悦耳的铃铎。每当晴朗时日，远眺飞云楼，但见楼台秀挺、仪态万千，颇有叠彩流霞之势。飞云楼外观保留了较多唐宋建筑风格，而结构则完全是清代格式的，这种带有某种仿古意味的建筑，历史上并不多见。

游廊旱舟意味浓

中国园林中，建筑的名称最多，除了亭、楼之外，还有厅、堂、斋、馆、阁、榭、居、坞、廊、轩等等，简直令人眼花缭乱。实际上，这里边有些在使用功能上是完全一样的，只是名称起得雅致一点罢了。这其中的廊却与众不同，它是园林建筑中特殊的"线型"建筑，是其他类型建筑不能代替的。

廊在园林中的用途很广，它可以用来分隔景区、联系交通、引导游人、点缀景色，和那些占据着重要位置的厅堂楼馆，或者是点缀勾勒山水的亭榭相比，廊并不是园林中的主体，但它常以小巧的体量，在有限的空间范围内，创造出迂回曲折的美景，因而它是园林布局结构中不可缺少的部分。另外廊又承担着引导园林游览路线的作用，我国园林四季宜

拙政园水廊

游，雨雪无妨，主要也得力于园林中有直有曲、将各个景点联系起来的室内游路——廊。

园林中的廊很少取直条形那种呆板的形式，大多随地形和游赏需要灵活布置。或长或短、或曲或直、随高就低，在组景中非常富于变化。在小面积的园林中，廊往往沿着水池外围或干脆依围墙布置，这样就保证了园林的主要欣赏空间不被切割。有的廊跨建于池面或涧溪之上，这叫水廊。如苏州拙政园小沧浪水院两边和西部与中部分隔的墙边水廊，都是构思很巧妙的水廊。漫步其中，山水景色倒映于水中，和眼前的真景相辉映，实实虚虚，极为有趣，有人称之为凌波仙廊。有的廊会随着地势斜上山去，这就是爬山廊。它可沿着山麓、山腰灵活转曲，遇沟溪便凌空过去变成廊桥。一些山水地区的园林，如无锡惠山、苏州虎丘拥翠山庄等，都少不了爬山廊作为联络。

廊常作为园林内各小景区的分隔，这时廊的两面往往有着不同的风景主题。为了增加游趣，有时将廊一隔为二，两边均可走人，在中间隔墙上又开了各式各样的窗洞，这叫复廊。人行廊中，除了看外边的山水景色之外，还可以透过花式窗洞看隔壁景区的风光，这时的观感犹如观赏以窗洞为画

上海豫园大假山

框的活动风景画。如上海豫园从大假山右侧游廊折东入万花楼前，廊一分为二，南边临水池，可观鱼，亦可赏对面山石景，透过游廊上的瓶形、桃形、盂形的窗洞，还可以看到北边以建筑为主题的风景。游廊还可以做成立体的，纵横交错、上下盘旋，这种双层的廊叫复道廊。这种廊常利用假山的磴道作为去上层廊的垂直通道，下层廊也可接山洞。像扬州寄啸山庄（何园）的复道廊，随水池转折到尽头又连着假山，设计得非常巧妙。

园林中的廊是比较"隐蔽"的建筑，一般不会全部暴露

留园模型

于风景的主面上，常常贴水随山穿行于花间柳下，被树丛、山石所遮掩。但是它那又曲又长的连续形体和简朴的造型，却具有一般建筑所没有的曲线美和朴素美。古代造园家亦很注重廊在园中的造景作用，认为廊"宜曲宜长则胜"，这样就可以随形而弯，依势而曲，或蟠山腰，或穷水际，通花渡壑，蜿蜒无尽。确实，园林中多了高低曲折任意、自然断续曲折的廊，也就多了一种风景境界。

苏州留园的游廊设计得奇趣迭起，独步于江南园林中。园林位于阊门外的留园路上，比较喧哗嘈杂，为了使园林山水景区离市街远些，就将主要景区均靠后布置。而造园家突发巧思奇想，利用一段曲廊来作为入园游览的先导，强化了园林的美。游人从大门入，经过一小过厅，便是一个天井，然后就进入一条窄小的廊子，廊壁无窗，光线晦暗，随廊转曲数次，又到了一处小庭院，庭壁种一棵紫藤下置少许山石，是示意性的点题。然后又进入另一条曲廊，又迂回曲折三次才到达园林的第一景——古木交柯。这里，一边透过墙上的漏窗可以隐约看到园中山池风景，一边是石笋新竹掩映下的古树，幽雅的小庭透出了园林的自然气息。然后西转至绿荫小轩，开朗的山池景色才一览无余地摄入眼底。好的艺术品，往往将要表达的主题，在复杂的矛盾中展开，使各部

留园曲廊

分互衬互映。留园进门曲廊的构思，就是利用了激化矛盾的反衬对比手法，欲放先收、欲畅先阻、欲明先暗，从而在新的基础上达到矛盾的统一，以曲廊的暗、塞、幽反衬了园景的明快、开敞，对比效果非常强烈，给游人留下深刻的印象。

进入了园林主要的风景空间，这条廊又成为游人的主要通道，向北可经曲溪楼、西楼去到东部的五峰仙馆；向西经绿荫、涵碧山房后折上假山，成为依界墙，傍着山麓的一条曲折高下的长廊，绕山池一周而接远翠阁进入东部，正可谓"径绿山转，廊引人随"。这种占边置廊的手法犹如下围棋一般，最大地保持了中心山池风景的完整。同时又将各个景点逐一串联在游廊上，从中部到西部、东部，游赏者无须走出廊子一步，便可逐一欣赏到园内各处景致。在这里，廊子已真正成为人和自然之间不可少的联系桥梁。

我国园林中最长的廊是北京颐和园的长廊，它环绕于万寿山前山，东起乐寿堂的邀月门，西至石丈亭，共长728米，有二百七十三间。当年乾隆皇帝别出心裁地在清漪园建此长廊，专门为其母亲孝圣皇太后沿廊散步和观雨赏雪使用。观览暴雨时，水天一色，湖面波涛汹涌；品赏飞雪时，漫天皆白，冰上银絮纷扬。

颐和园长廊

　　从游赏和造景角度来看，这条举世闻名的长廊主要有四大特点：长廊如一条彩带，将万寿山前山各景点紧紧连接在一起，又以排云殿为中心，自然地将风景分成了东、西两部分，便于游人识别；长廊并不是自始至终笔直一根，而是呈一定的自然曲势，游人循廊而游，常常不知不觉改变着观赏的视线，获得更多的风景美享受；廊中夹亭——留佳亭、寄澜亭、秋水亭、逍遥亭四个八角亭分立于长廊中间，象征着春、夏、秋、冬四季，而且又在一定距离之中倚衬和支撑着长廊；除了引导赏景，长廊本身还是一条画廊。当年乾隆皇帝曾派如意馆的宫廷画师到杭州西湖实地写生，得西湖风景五百四十六幅，没有雷同，没有杜撰，全部移绘到颐和园长廊二百七十三间枑梁的两侧。这是珍贵的艺术品，也使得北方的帝皇园林点染上江南山水明秀的气息。

长廊在结构上也有独到之处。长达一里半的空廊，却全无依托、无砖墙的支撑，在建成至今的二百多年间，经历多次狂风暴雨的袭击，但从未被吹倒过一次。长廊还是颐和园中不可缺少的一景，无论从湖东长堤或南湖岛上看，还是泛舟从昆明湖上看，这座建造精美、曲折多变、蜿蜒无尽的长廊的确就是环绕在万寿山前的一条五彩飘带。

园林中另一种较为奇特的建筑是舟。综观我国古园，无论是江南文人私家园林，还是帝王苑囿，均有旱船，其名称多样，有不系舟、画舫斋、画舫、香洲、石舫、清晏舫等，甚至岭南园林也建有模仿珠江"紫洞艇"的船厅。所以舟也成为园林中点缀水景、创造行船游赏情调的主要建筑。园林舟船一般置于主要水面之内，有桥或模拟码头的踏跳板与陆岸联系。舟身均为石砌，船上建筑大多为木构传统式舱房，船首较低，后舱较高，常作二层，有楼梯可通。舟船建筑不只外形较为离奇，与传统厅堂不同，它的设计意念也充满着一种奇趣，要完整地欣赏舟船景，必须要知道它内含的理趣。

　　我国古代士大夫知识分子历来喜爱欣赏大自然的山水美景，早在先秦时期，庄子就唱出了"山林与，皋壤与，使我欣欣然而乐与"的赞歌。古代流行的静观哲学对士人们陶醉自然、耽乐山水也有不小影响。"致虚极，守静笃"，古人认为，人的良好德行与丰富知识的获得都仰赖于"虚静"，在幽静美丽的环境中修身养性，排除外界的干扰，才能达天地之胜，使人变得聪慧。"钟灵毓秀"这个成语，就是说美丽的山水能培育出聪明杰出的人才。这种崇尚自然美景的思想一点点积淀起来，成为我国古代不可忽视的民族审美心理特征。另一方面，古代有相当部分的文人仕途失意，对现实生活不满，便总想遁世隐逸、耽乐于山水之间，而他们的逍遥伏游，多半需要买舟而往。像陶渊明说的"实迷途其未远，觉今是而昨非，舟遥遥以轻飏，风飘飘而吹衣"，表达的就是文人对舟船特别的感情。李白也有丰富的乘舟游历的经历，他曾写道："人生在世不称意，明朝散发弄扁舟"，"湖月照我影，送我至剡溪。谢公宿处今尚在，渌水荡漾清猿啼"……古代文人往往将自己对山水林泉的怀恋，对仕途的担心，对社会的不满，统统化作对舟船生活的憧憬。

颐和园清晏舫

　　然而，古代的文人士大夫通常又是热心仕途、想要做官的，而且也不愿放弃都市妻儿绕膝的生活。能像李白和陶渊明那样隐逸于山林的毕竟只是少数，于是文人士大夫们便在自己花园的水池中造旱船石舫，来寄寓他们不可实现的理想。这一点，北宋文学家欧阳修在《画舫斋记》中说得很清楚："凡偃休于吾斋者，又如偃休于舟中。山石崷崒（qiú zú，意为高峻），佳花美木之植列于两檐之外，又似泛乎中流，而左右山林之相映，皆可爱者。因以舟名焉。……然予闻古之人，有逃世远去江湖之上，终身而不肯返者，其必有所乐也。苟非冒利于险，有罪而不得已，使顺风恬波，傲然枕席之上，一日而千里，则舟之行岂不乐哉。"看，文中既说明了要模拟泛舟游历山水的风景环境，又抒发了居安思危、退归林下的理想情操，这也正是古典园林舟船建筑景的主要思想内涵。

皇家花园中的旱船就没有这样深的理趣了。如颐和园的清晏舫是古典园林中最大的石舫，"清晏"之名出自郑锡《日中有王字赋》中"河清海晏，时和岁丰"，有明显祀祝风调雨顺、国泰民安的思想。石舫原是明朝圆静寺筑于湖上的放生台，乾隆修园时改为旱舟。船身用大理石雕砌，长36米，船上设中式楼房，每年农历四月初八的"浴佛日"，乾隆都会陪着他的生母在此放生，以表示从善依佛之心。后来旱船被英法联军烧毁。1893年慈禧挪用海军经费修复颐和园时，将它改成西洋火轮的样式，两层木结构的船舱也都油饰成大理石纹样，顶部用华丽的砖雕装饰，反映了慈禧的猎奇情趣。

多姿多彩点圈中

有不少古建筑，在它们建造之初各有自己的用途，并非专门为点缀风景而设，但由于奇特的构思、美妙的造型和地理位置的特殊，反而引起了人们的兴趣，渐渐成为当地的一处游览名胜。久而久之，它们原来的使用功能倒被人忘怀了，成为点缀在祖国大好河山中的特殊园林建筑，重庆忠县石宝寨就是其中很著名的一座。

"孑孓玉印山，屹立江水东。天作百丈台，秀削疑人工。"自山城重庆沿江东流而下，至忠县东九十里许，有一座方形孤峰，孑石巍然自长江岸边傲然腾起，这便是远近驰名的玉印山。山形状奇突，清代诗人张船山曾有诗描绘："四山卑卑尽跧（quán，意为蜷曲、蹲伏）伏，顽怪独撑断鳌足。谁拔孤根出地中，非峰非岭峃然秃。共工头触天柱折，要看绝顶平

石宝寨

如截……”如此奇妙的巨石，顶上还有流米洞、泉水洞，所以被当地老乡称为石宝。明末时，有个农民起义军领袖谭宏曾据此为寨，玉印山由此便称为石宝寨。石宝寨所在的玉印山，在唐代就已成为登临游览的胜地，在山的西壁悬崖上，还刻有唐相陆贽手书的题刻。据记载，诗人白居易、杜甫均登过玉印山，清人罗廷宦还撰文并刻石记述此处山水朝暮情景。然而当时仅在山顶建了几间小房，上下无路，仅靠凿石穿壁而成仅能容足的小坎，人称云窝，攀缘自山顶贯下的铁索蹑级上下。直至清嘉庆二十四年（1819 年），当地乡人集资聘请能工巧匠，商讨如何取代铁索上山。当时的工匠们曾渡江至对岸，日夜观察地势，研究方案，一日忽见雄鹰绕山盘旋，巨翼展于山水之间分外好看，工匠们由此受到启发，决定设梯盘旋而上，在梯外修筑层层楼阁、重重飞檐。从此游人便可沿梯轴转螺旋而上，再也不用冒绝壁攀缘之险了。现在人称川东第一奇构的石宝寨就是指的这座旋梯笮楼。

从江边到寨楼，要经过一层牌坊，牌坊为石构，三间四柱，只中间可通行人，上刻“必自卑”和“瞻之在前”两面匾额，既作为进楼前的启示，也点出了山的雄伟和建筑的奇巧。一进刻有“梯云直上”的寨门，迎面便是全为木构的崇楼飞阁，依山壁坐落在两米高的石台基上。高楼上下共有十二层，下部九层紧靠崖壁，依山而建，并用支撑构件与山相衔接，层层联结，总高约35米，内部设木梯，攀缘崖壁盘旋而上。上部三层稍向后退进，支撑在山顶石台上，突起直耸云霄，原来这里是魁星阁。从正面望去，十二层重檐飞展，翼角腾翚，下宽上窄，层层收缩，形成一座巍伟壮丽的玲珑宝塔，形制奇特，体态动人，瑰丽无比。

石宝寨的屋宇不多，错落起伏并不复杂，但也应用了灵活多样的处理手法，并能破除常规、匠心独运，在布局和造型上形成很鲜明的个性。首先是楼层的布局。寨楼底下九层，以上下交通作为主要功能，实际上是登临山顶必经的室内楼梯间。由于平面逐渐往上缩小，还要考虑留出一定空间供人远眺，所以楼梯位置并不上下对齐，而是有左有右，有横有竖，有直有斜，并适当安排塑像、台座、挂屏等，让梯阶上下穿梭其中，组织得非常自然。为了创造较宽敞的赏景区域，层楼第六层又向北伸展，悬挑出二间栈楼，楼与石崖交错，连成一个整体。第七层南端有出口可通山壁石坎，坎上有铁索垂下，攀铁索曲折爬行亦可上山顶，以满足部分敢冒险游人的猎奇趣味。攀缘途中，可在一石砌平台休息，登临至此真是心旷神怡，极目四望，峰峦叠嶂、波光帆影，景象瑰玮壮丽。

石宝寨的外形处理也极有巧思。重楼虽紧倚崖壁，但各层飞檐都采取了三方四角的处理，使每层出檐都较为完整，檐角处均用斜起的角梁支撑，使翼角高高飞起，使楼阁出檐深远，轻快凌空。如此奇妙的十二层重檐飞腾在玉印山边，把整座玉印山的边缘装饰得玲珑剔透，更加衬托出孤峰巨石的高峻和挺拔。最为奇妙的是楼阁的窗洞装饰。在每层木檐间的木板墙上，无论高低一律开有圆形窗洞，窗洞不设窗扇，直径均为 1.3 米，形式统一。各层又因为面阔不同而安置不同数量的窗洞，二到五层均设三洞，间以方格棂窗；第六层主体为二洞，栈楼亦为二洞；以上各层均为一洞，从下到上，显出明显的节奏感，风格极为协调，而与窗外巉（chán）岩嶙峋的巨石相比，又显得柔和轻快。要是从入川溯流而上的舟船上观望，隔着江上的薄雾烟霭，石宝寨仿佛是天界幻境的仙山楼阁，有一种不可言喻的神秘感。这种大小如一的圆形连续重叠地出现在崇楼杰阁上，胆魄之大，是我国古代风景建筑中的绝唱。

你见过柱子、柱脚悬空的楼阁建筑吗？听起来好像是天

广西真武阁

方夜谭，柱子要承托屋顶重量，怎么离地呢？但聪慧手巧的中国古代建筑匠师确实创造出了这样的建筑——广西容县古经略台的真武阁。真武阁并不是专门用来赏景的园林建筑。在我国古建筑中，"阁"是应用很广的名词，园林中的小建筑可称阁，如留听阁、问梅阁等；名山胜水边的高楼也可叫阁，如滕王阁、崇丽阁等；佛教建筑中也有阁，如观音阁、大乘阁等。这座真武阁原来是道教建筑，祀奉真武大帝。但经过岁月的变迁，这座古建筑已变成容县人民公园内的主要景点，吸引着众多的游人。

真武阁位于古经略台上。据史籍载，唐代诗人元结于大历三年（768 年）出任容管经略使，就是驻容州掌管军政事务的官员。为了操练军士、朝会习仪，也为了观赏风景，而建筑此台。台高 4 米，长 50 米，宽 15 米，面对奇峰参天的都峤山，清澈秀丽的绣江萦回于侧，环境极为清幽。明洪武十年（1377 年），"建玄武宫于其上"，奉祀真武大帝以镇火神。到明万历元年，又加以扩建，"创造楼阁三层，隆栋蜚梁，斗窗云槛；辇神像，安置仙人"。时移世易，明代所建的道教宫观早已荡然无存，唯有那楼阁三层尚保存完好，这就是被称为"天南杰构"的真武阁。

真武阁内金柱头顶千斤悬空而立

真武阁临江而立，略呈方形，全阁用质坚如铁石的铁黎木建造。阁高13.2米，面宽三间13.8米，进深11.2米。金脊碧瓦的琉璃歇山顶，檐口三层，飞出深远，气势很是华丽大方。全阁有木构件近三千多条，不用一件铁器，密切串联吻合，相互制约、彼此扶持，合理而协调地组成了一个非常稳固的结构体系。最奇妙的是阁的二层中间有四根金柱，虽然承受着上层楼板、梁架和屋瓦面等构件的荷重，柱脚竟然离地3厘米，成为天下无双垂直下吊的悬空柱，这是阁中最奇特、最精巧的部分。1962年梁思成教授专程前来考察，称之为"建筑结构中的一个绝招"。原来，在悬空柱上，分上下两层用十八根枋子（拱板）穿过檐柱，组成了两组严密的"杠杆式"斗拱，杠杆较长的一端挑起重量较轻而面积较大的檐部荷载，而较短的一端则挑起重量重但力量面积小的悬柱、梁架、楼板等荷载，以檐柱为支点，组成很不稳定的杠杆受力体系，挑起了中间的四根金柱。可以想象，当初在设计和施工中，为了使结构各部分均匀对称、受力平衡，所碰到的力学、数学和物理方面的问题一定不少，但最终还是被富有实践经验和技术高超的古代匠师们解决了。

从木构架来看，真武阁恰像头顶大缸、脚踩钢丝的杂技演员那样，看上去甚为惊险吓人，却具有高度的稳定性。在建成以来的四百多年间，它经受了多次狂风的袭击和数次地震的摇撼，安然无恙，始终屹立着，充分显示了我国劳动人民在建筑技术上的卓越才能和智慧。利用杠杆结构建造楼阁，真武阁是独此一家，加上它那出檐深远的琉璃瓦屋顶、纵横交错的如意斗拱、鹤立高台的雄姿，不愧为中国古建筑中一颗光彩闪烁的明珠。

到广西三江侗乡旅行，每到一个村寨都能看到形制特

广西马胖鼓楼

别、飞檐重叠、由下而上依次收缩的宝塔状高耸建筑，这就是侗族村寨的鼓楼。鼓楼和风雨桥一样，是侗族人民的传统建筑，它们以独特的风姿点缀在青山绿水间，极富有民族情趣，也是我国古建筑中的一种特殊类型。其中最有名的是三江县城北 25 公里处马胖村的马胖鼓楼。

马胖鼓楼建于 1928 年，平面为正方形，边长 12 米，高 20 余米，底层较高，四周装朴素的木格窗，向上是密密层层的九层檐口，顶部作歇山式收头。重重瓦檐四角均微微起翘，端部雕塑成凤头仰翘的花饰，远远看去宛如群凤振翅欲

广西马胖鼓楼内部结构仰视

飞，优美多姿。每层屋檐要比下层的收进许多，立面上屋顶就成为一个方锥形，变化飞动之中呈现出稳重之态。楼中有四根大木柱，粗可两人合抱，从地面直通屋顶，在柱上穿有梁枋支撑着层层挑出的屋面，是鼓楼的擎天柱。楼内所有木构件都以穿榫相互连接，不用铁钉，互相组合而成为一坚固整体。正厅的板壁上，绘有侗乡风光的精美图案，绚丽夺目。各层封檐板上也绘有侗族特色的卷草花纹。鼓楼是全寨侗人的公共活动和集合中心，在它室内的高处梁架上悬有一面大鼓，悬空一击，声闻四方，凡有大事，头人便登楼击鼓召集村民，若发生山火寨火，也击鼓求援。所以这种造型奇巧而又敦实的塔式建筑在使用上有点类似于内地的家庙或祠堂，而在建筑上也充分显示了侗族人民的审美情趣和高超技艺。

第五章

古桥奇趣

"晴虹桥影出，秋雁橹声来。""横桥远亘如游龙，明珠影落长河中。""飞梯何须借鳌背，金绳直嵌山之侧。"

说起我国古典建筑中的奇构巧筑，不可不谈桥。这里所引的三句诗文，谈的均是桥，第一句是唐著名诗人白居易的，说的是状若飞虹的石拱桥；第二句是明人王贤的诗，说的是横跨江河的长桥；最后是王锡衮的名句，指的是高悬山谷之上的铁索桥那种没有桥墩，"金绳直嵌山之侧"的奇特风姿。桥中之巧构，在我国建筑史中占有着较重要的地位。

漫说桥梁文化

我国地域广阔，多山多水多险阻。古代的驰道、驿道是帝王赖以统治全国的手段，也是国家经济的命脉。因此从秦始皇统一中国起，历朝历代帝王都很强调道路系统的完整。有路便有桥，可谓"逢山开路，遇水架桥"，桥便是架空在水上或山谷中的路，其建造难度远非一般道路能比。然而，正因为难，也就给聪慧的、富有奇思异想的古代匠人留下了无限的、可供创造的天地。有的桥上架起了亭楼，这样桥又变成飞架空中的楼阁了。还有的在桥两边建起了牌楼、碑亭、门楼等，来加强桥的艺术性。而我国古桥的造型也特别的美，据说西方人最初便是从桥开始来认识中国建筑的。李约瑟博士也特别欣赏中国桥梁，他认为：大多数古桥都极为美观，这种美"来自巧妙地将理性和浪漫主义相结合"，这是中国文化的特有才能。而将理性的、科学的桥梁同浪漫的、诗意的联想相结合，萌发出极丰富的桥梁文化，也是我国古代建筑的特色。

我国古桥凌空越阻、千仪百态，一向为古代骚人墨客所钟爱，成为诗文、绘画、雕刻中的一大题材。有些古桥虽已颓圮日久，但却保留在诗文之中，可说是"文以桥名，桥因文传"了。如古都长安的灞桥，是都中士子百姓送客别离之处，人们送客至此，常折柳赠别，虽汉唐古桥早已不存，但还不断有人吟咏它，"参差烟树灞陵桥，风物尽前朝。衰杨古柳，几经攀折，憔悴楚宫腰"。宋代词人柳永的这首词便是著名的一首。再如苏州枫桥，除了张继的那首《枫桥夜泊》外，还有杜牧的"长洲茂苑草萧萧，暮烟秋雨过枫桥"等。古代诗词中所描绘的桥，除了这类专门有所指的外，更多的是将桥作为山水风景中的一分子，写景寄情，借桥来抒发心中的愁离或郁愤。像唐代温庭筠的"鸡声茅店月，人迹板桥霜"，南宋诗人陆游的"断桥烟雨梅花瘦，绝涧风霜槲叶深"，还有元代马致远的词"枯藤老树昏鸦，小桥流水人家"等均属于此列。这些诗或词都以桥为中心构成了一幅幅略带伤感的美丽风景画面，来烘托古代知识分子心中的忧患意识，桥在中国古典文学艺术中之作用由此可见。

历代的游记散文或笔记小说中所记的与桥有关的故事更是举不胜举，最早记载名桥的正规典籍当推《史记》。司马迁在《苏秦列传》中记述了这样一个故事："秦说燕王曰：信如尾生，与女子期于梁下，女子不来，水至不去，抱梁柱而死。"当然这里苏秦是借一个故事来劝说燕王做事要讲信用。不过放在现在来看，这个因为女朋友没有赴约，大水来了都不肯离去，宁愿抱着桥磴被水淹死的尾生，也实在迂腐得很。但在古代，这个故事、这座桥却常常被人们用来作为男女爱情坚贞不渝的一种隐喻、一种象征。成语中的"蓝桥之约"就是指的这座桥、这个约会。到了元代，戏曲成为一般市民百姓最喜闻乐见的大众文艺形式，有许多恋爱故事都受到这个典故的影响而以桥命名戏名，如《断桥相会》《蓝桥遇仙》《虹桥赠珠》《草桥惊梦》等，桥也成了当时市民文化中的一个主题了。此外，还有汉相张良游下邳，因诚心帮助黄石公而得天书，最后帮助刘邦打天下的黄石桥；张飞一人一马，北拒曹操百万大军的长坂桥；蜀将姜维在诸葛亮死后聚师抗魏的阴平桥，也都脍炙人口、家喻户晓了。

桥还是宗教文化中较为重要的一员。由于桥从此岸跨越到彼岸，与佛教教义相似，因而常被引用到佛寺建筑中去。一般风景区的名刹或者江南城市中临河的古寺，在入门前每每都要步过一座桥梁，如浙江天台山的国清寺、苏州虎丘的云岩禅寺等，苏州城内原报恩寺前的香花桥也是一座寺前桥。由于桥和庙的位置关系不同，江南水乡还有"庙挑桥"和"桥挑庙"的说法：如果寺庙前后皆临河，则要在水上各建一桥通向对岸，于是庙宇就一前一后"挑"起了两座桥，称为庙挑桥；如果两座庙宇隔水相望，在两寺中间建一桥相连，这便是桥挑庙了。有些寺院庙观，在进入主殿之前，还要步过位于放生鱼池上的桥，如昆明圆通寺水院和太原晋祠圣母殿前鱼沼飞梁。但无论是庙前桥、庙挑桥、桥挑庙，或是庙中桥，桥均成为寺庙建筑中不可分割的一部分。上桥、下桥，可以改变观者的视线，使庄严高大的庙宇建筑之美更容易把握，有利于营造出肃穆的气氛，使人产生一种虔诚的心理。同时，每过一座桥就寓意着渡过了一次仙凡相隔的界河，好像是向佛教中的西方极乐世界走近了一步，精神得到了一次飞升，心理得到了一次安慰。

"广度一切，犹如桥梁"，这是佛教《华严经》中的一句经文，佛教以普度天下众生为己任，所以古时佛门子弟参与造桥活动就很自然了。因为在他们看来，造桥不仅是做善事、积功德的具体事务，而且还和贯彻教义、普度众生有关。所以，古代许多著名大桥的建造中往往有和尚参加，有的负责化缘筹集资金，有的还作为建造工程的技术负责人。据《中国桥梁史料》记载，在福建著名的长桥之乡泉州，几乎所有的桥都有和尚参与建造。江苏苏州郊区佛寺多，和尚造桥也多，像城内新立桥，角（lù）直的兴隆桥、东美桥、正阳桥，石湖畔的行春桥，五龙镇的五龙桥等，至今都还保留着一些带有佛教图案的浮雕，如莲座、宝幡、轮回等，这些图案形象地弘扬了佛法，劝信徒们与人为善，也是桥梁在佛教文化中占有一席地位的佐证。

在堪舆风水说十分盛行的古代，桥梁还有改善风水的作用。堪舆说认为，流水会带走一地的吉祥之气，而桥能锁水，使风水变好。苏州的甪直古镇在历史上人才辈出，被认为是风水上佳之地。但是到了明代，这里的许多世代豪华的官僚文人家庭渐趋衰微，堪舆家认为，这是镇前大河中河水日夜东流带走了本地的福泽和文气，需用桥梁加以封锁，于是集资将镇东首旧有小桥改建为"高大稳固"的大桥，并易名"正阳"。这在当地文人许廷荣所写的《重建甫里正阳桥碑记》中写得很是明白。据说此后镇东就又有了兴隆之气，

甪直古镇的桥

发家致富者累累。

古人还认为，祖先墓地的好风水能使子孙后代永葆富贵荣华，架桥能使某地的好风水扩展开去，使附近更多的人家得福。唐朝诗人陆龟蒙是甪直人，他的墓就在保圣寺附近，明后叶全镇的寥落，当地人想到了陆龟蒙的墓地，于是就在墓的两侧各修了一座小的砖拱桥，外形看上去有点像鸟儿展翅欲飞，其意寓托了乡里人们希望凭借陆墓的好风水来改善当地的文风，使更多的士人能金榜题名。这里边当然带有着一定的迷信色彩，不过，这也恰恰从一个侧面反映了桥与中国传统文化的联系。

安济桥的启示

《小放牛》是传统歌舞剧中的一个很主要的曲目，放牛娃吹着竹笛、骑在牛背上，载歌载舞地唱着："赵州桥鲁班爷修，玉石栏杆圣人留；张果老骑驴桥上走，柴王爷推车轧了一道沟……"这里唱的赵州桥，就是中外闻名、堪称世界桥梁史一大奇观的赵州安济桥。

据河北的神话传说记载：鲁班在造完赵州桥后，十分得

赵州桥

意，正在这时，八仙中最老的张果老骑着毛驴来到桥头，后面跟着推着车子的柴王爷。二人问鲁班：石桥能经得住二人走吗？鲁班不以为意地说：这么坚固的石桥，还能经不住你二人吗？张果老和柴王爷为了和鲁班开个玩笑，过桥时就用了仙法。张果老借来了太阳和月亮放在褡裢中，柴王爷则运来了五岳名山放在车上，结果把桥压得摇摇晃晃。鲁班见势不妙，赶忙跳入水中，用手在桥东侧使劲推住，才算保住了桥。因为三人均用出了全力，所以桥上一直保留有张果老的毛驴的驴蹄印和柴王爷的车道沟，而桥下的拱圈上也留下了鲁班的手印。在斗法时，柴王爷因用力过猛，还跌倒在桥上，张果老心急慌忙，斗笠也掉了下来，所以还在桥上留下了膝印和圆坑。但最后，工匠的祖师终于战胜了法力无边的神仙。

实际上，赵州桥建于隋代大业年间（约公元 605 年以后），上距鲁班生活的春秋时期将近千年，显然不可能由他来主持修建这座桥。根据古籍记载，真正主持这座桥设计与施工的是隋代的石匠李春。赵州桥的正名叫"安济桥"，全部用石建，又称大石桥，它凌跨在河北赵县县城南五里处的洨河上。桥身形式是敞肩式，即空腹式的单孔圆弧弓形石拱

赵州桥面上的车道沟

桥，石拱净跨长达 37.02 米，是古代中国乃至全世界上跨径最大的石拱桥。

安济桥的最大特点是巧妙地采用了敞肩式拱形。有了这四个小拱，可以节省石料 200 多立方米，减轻了石桥的自重，也有利于减小主拱的断面。不过其最大的优点是在洪水泛滥时，小拱可以泄水，减少洪流的水平推力而保护石桥，这就是张嘉贞在《石桥铭》中所写的："两涯嵌四穴，盖以杀怒水之荡突。"从艺术上说，小石拱的应用，增加了桥型均衡、对称的美感，使大桥更加壮丽完美。安济桥的敞肩拱是桥梁史上最伟大的创造，我国在公元 7 世纪初就达到如此高的建桥技术和艺术水准，足以证明我国古代石结构工程也是走在世界前列的。在欧洲，这种敞肩式拱桥，直到十四世纪才运用在法国泰克河的赛雷桥上，比安济桥晚七百多年，且早已毁坏。

安济桥还大胆使用纵向并列砌筑法来建造桥拱。在沿大桥纵方向上，用二十八道单独的拱券并列排置，各道拱券都能独立支持桥上的载重量，如有拱券损坏，可以部分地修理，而不影响整个桥身的安全。与其他古桥不同，大桥结构广泛使用了铁件，石与石之间均用腰铁相连，主拱背上有五根铁横梁，四个敞肩小拱上也各有一根。铁件的联系增强了大桥的整体性，延长了桥梁的寿命。这些结构设计和建造技术上的特点巧妙无间地结合在一起，是这座古桥能经受人畜车辆反复重压、经受八次以上大地震，饱经雨、水、风、雪的侵袭而挺立千年不倒的主要原因。

"初月出云，长虹饮涧。"除了结构技术的先进，安济桥还是一座精美的艺术品。它的艺术成就首先表现在大桥的整体形象上，那由青白色石灰岩构成的线弧形桥身犹如天上的长虹，又好似云层中刚刚露面的新月。在这条状若长虹的曲线上，设计者又加上了一些线脚。如主拱外侧表面上下起线各三道；小拱上下起线各两道。整座桥身也不是在一个平面上的，桥身与栏杆间的仰天石（帽石）挑出34厘米的飞边，而四个小拱券则向里收回4厘米，加上腰铁、勾石、铁梁等，整座桥看起来富有层次、线条柔和细腻、轮廓清晰美丽。

此外，大桥还是古代雕刻艺术的集大成者。首先是桥侧四十二块栏板，也就是圣人留下的"玉石栏杆"，雕刻非常精美，特别是许多隋代留下的栏板上刻的龙兽浮雕价值很高，诚如古人诗文所称赞的"若飞若动"。有的龙头刻成怪兽模样，两旁用花叶和波涛来衬托；有的刻成两条飞龙相互缠绕的形状，龙嘴中正吐出水花；有的是双龙前爪两两相抵，龙身从栏板孔中穿行，又各自回首而望；还有的刻成双龙戏珠……所有的龙身似乎都在游动着，龙尾都绕过后足向上翘起。同是一种题材，能雕刻得如此变化多端、姿态生动，着实反映了古代艺术匠师的精心构思。栏板中间有四十四根望柱，刻成身披鳞甲蛟龙盘绕着的形式，还有许多作竹节形。而仰天石上所刻的莲花、龙门石上所刻的龙头，都体现了隋代石刻艺术的水平，是历代石拱桥中很少见到的。有些艺术史学家还将赵州桥的石刻与差不多同时期的山西太原天龙山石窟、河南巩义石窟寺、河北邯郸响堂山石窟的雕刻艺术相

赵州桥的石栏板，中国国家博物馆

提并论，更使这座古桥闪烁出稀世艺术的光芒。

赵州桥建成之后的五百多年，华北平原上又崛起了一座石拱桥，这就是卢沟桥。1937 年 7 月 7 日，卢沟桥一声炮响，揭开了中国人民全面抗战的序幕，这一重要的历史事件，更提高了古桥的知名度。今天，举国上下可以说是人人都知道卢沟桥，然而，你可知道，在七七事变之前好几百年，卢沟桥已经名扬欧洲了。

卢沟桥建于金章宗明昌三年（1192 年），在大桥建成后一百余年的元代，意大利著名旅行家马可·波罗来到了中国，作为一名欧洲人，他对中国的建筑和桥梁极感兴趣，曾仔细描绘过北京、杭州等地的古迹名胜。在《马可·波罗游记》中，他高度赞扬了卢沟桥的美丽："自从汗八里城发足以后，骑行十里，抵一极大河流，名称普里桑干。……河上有一美丽石桥，各处桥梁之美鲜有及之者。桥长三百步，宽余八步，十骑可并行于上。……桥两旁各有一美丽栏杆，用大理石板及石柱结合，布置奇佳。……桥口初有一柱甚高大，石龟承之，柱上下皆有一石狮。上桥又别见一美柱，亦有石狮，与前柱距离一步有半，此两柱间以大理石为栏，雕刻种种形状。……此城壮观，自入桥至出桥皆然。……"其实马

卢沟桥

可·波罗的描绘主要还只集中在艺术形象上，对于大桥先进的结构技术没有多加注意。然而，仅仅就是这些介绍，已经使卢沟桥的名声传到了欧洲。"汗八里城"是元代欧洲商人对京师大都（今北京）的称谓，而"汗八里的美丽石桥"也就是当时西方人对卢沟桥的爱称，还有人干脆将它称为马可·波罗桥。

马可·波罗注意到卢沟桥石狮雕刻艺术，我国古代人民也很喜爱桥上的石狮，至今，我国北方还流传着一句有关

狮子的歇后语："卢沟桥的石狮子——数不清。"说来也怪，一般行人或是旅游者到了桥上，看到姿态各异的石狮，都会忍不住去数一下，结果，可以说每次数的数均不同，久而久之，便出现了上面那句歇后语。其实数不清是假，数不尽是真。桥上石狮按它们的位置总共有四大类：一是栏杆望柱上的大狮子；二是栏杆望柱头上大狮子身上的小狮子；三是桥栏杆顶头当抱鼓用的石狮子；四是桥两头华表上的石狮子。这些石狮姿态各异，有立的、卧的、蹲的、伏的，面貌、神态也各不相同，所以人们在数的时候，很容易遗漏几个，也就数来数去，各不相同了。

从雕刻艺术上来讲，卢沟桥的狮子可说是穷极工妙了。例如望柱头上的二百八十一个石狮，雕刻得非常生动，有的昂首挺胸，仰望云天；有的双目凝视，注视桥面；有的侧身转首，两两相对，好像在侃侃而谈；有的轻抚幼狮，好像在轻轻呼唤；还有的侧向桥下，竖起耳朵，好像在倾听潺潺流水。更为奇妙的是这二百多个狮子，还有雌雄之分，雄狮大都在戏弄绣球，而雌狮怀中背上，每每都有小狮。大狮身上

卢沟桥石狮子

的小狮，总数也有近二百只，它们姿态也各不相同，大的有十多厘米，小的只有几厘米。小狮三三两两成组与大狮相联络，有的爬在大狮身上，有的伏在背上，有的躲在大狮头上，有的在大狮怀中戏耍，有的在戏弄大狮身上的铃铛或绒球，有的只露出半个头、一张嘴，有的干脆在大狮身上奔跑……这些石狮轮廓清晰、刀法古朴、神情逼真，堪称我国古代雕刻艺术中的精品。

卢沟桥是一座大型联拱式石桥，全桥共计有十一孔，全长 266.5 米，每孔的拱跨有规则地从岸边逐渐向中心增大，从两岸处的跨径 16 米左右增加至中心的 21.6 米，这种有节奏的变化使桥身看起来格外美丽。元代文人以"卧虹千尺""苍龙北峙飞云低"来形容它是十分贴切的。卢沟桥从一建成起就成为北京近郊的一大名胜，"卢沟晓月"作为燕京八景之一，已有八百余年的历史，清乾隆所题的"卢沟晓月"碑，还完好地保留在桥头，今天还有人以此为题来创作摄影、绘画作品。这一名胜的由来与卢沟桥的地理位置很有关系。北京是金、元、明、清四朝的首都，距卢沟桥约三十里路，正好是一天的路程，南来的商旅、传递文书的差人，以及进京赶考的学子，到了这里，一般均要歇宿一晚。次日清晨，人们带着快到目的地的喜悦心情，步过大桥，抬头仰望一轮晓月，便会觉得桥头月色分外清丽。

虹桥余意留人间

翻开宋代名画《清明上河图》，在一长串繁华的市街和熙熙攘攘的人群之中，最能吸引你注意力的大概就是那座形状奇特的高木拱桥——虹桥。很明显，画家张择端也将这座很为当时汴梁人骄傲的名桥作为巨幅画卷的中心来处理。由

于种种原因，宋代的这一发明创造到后来失传了，但是在当时的书籍中还保留有不少对它的赞美，一些古画中也留下了它的倩影。作为中华古建筑奇迹之一，国内外专家著文谈它的着实不少，有的还根据画上的桥形对这类桥进行了结构力学的分析。因此，要说桥中之巧构奇筑，不能不提及虹桥。

虹桥并非特指某一座桥，而是人们对当时架于汴河上的许多木拱桥的泛称。这种桥建造速度较快，桥身曲线很美，犹如长虹横跨河道上空，所以古代劳动人民称之为飞桥或飞梁，也叫虹桥。关于汴京的虹桥，孟元老在《东京梦华录》

张择端《清明上河图》（局部），
北宋，故宫博物院

中有记载："自东水门外七里至西水门外，河上有桥十三。从东水门外曰虹桥，其桥无柱，皆以巨木虚架，饰以丹雘（huò，意为红色颜料），宛如飞虹，其上下土桥亦如此。"据考证，《清明上河图》中的虹桥很可能就是当时汴梁内城东角门子外那座名叫"下土桥"的虹桥。

这座虹桥是一座单跨折线形木结构拱桥，桥梁专家据图面比例分析，跨距近25米，净跨20米左右，拱矢高约5米，可保持桥下5.5~6米的净空，以便行船。我国古代建筑属于木结构系统，在数千年的发展中，技术上和艺术上均达到了较高的水平。但是木构建筑（主要指房屋）和木构拱式桥梁在结构类别和力学性能上终究有不少差别，用六根大圆木交叉相接，组成一个拱形受力系统，上铺桥面，这不能不说是一种奇异的构想，较之一般木梁木柱的平桥在结构上着实要高出不少。

虹桥造型极其优美。一般来说，木拱桥要比石拱桥轻巧得多，而虹桥的拱体又特别薄，使得偌大的一座桥显得格外轻盈苗条，那弯弯的拱身飞跨汴河两岸，俨然是一道木制的彩虹横卧水上。由于桥堍（tù，桥头）培土压拱，在桥两端形成了平缓的反向曲线，远远望去，整个桥身呈波浪起伏状，倍增观瞻。此外，图上还画了一些精细的建筑小品来烘托主桥的美。古代桥梁两头常用华表来装饰，唐代诗人杜甫曾有诗赞曰："天寒白鹤归华表，日落青龙见水中。"虹桥两端，也立有木柱华表，顶端白鹤栩栩如生、姿态各异，有的伫立鸣叫，有的振翅欲飞。拱骨上的桥檐上钉有浅色的封檐板，称飞边，犹如桥身上的一条裙带；拱骨的端部饰有"戏水兽面板"，使六根拱骨交接格外分明，亦使桥身更加端庄，是建筑装饰和结构构件相结合的佳例。整个桥身"饰以丹腰"，也就是涂满了赤石脂类的油漆，这既是美化桥梁的手法，又是古代木拱桥防腐处理的重要措施。

汴京城内的这些木拱桥，除了负担跨越河道的交通功能外，还常常被百姓自发地用作摆摊做买卖的地方。从《清明上河图》来看，桥上除了乘马的、赶驴的、拉车的、抬轿的行人之外，还有摊贩、叫卖的，在那熙攘的人群之中，还有不少是出来转转买东西的。这种集市古称"桥市"，在河道多的城市中，这种桥市很繁荣。据记载，汴梁城中有桥三十四座，桥市对市民生活的作用也就不可低估了。因为木拱桥本身材料不及石桥坚固，摩肩接踵的人群难免有碍交通，也影响桥本身的安全，所以当时还要禁令"桥市"。

《宋会要辑稿·方城》中有这样一段话:"仁宗天圣三年正月,巡护惠民河田承说奏,河桥上多是开铺贩鬻,妨碍会簦(tán),及人与车乘往来,兼损坏桥道,望令禁止,违者重置其罪。"可见当时桥市之繁荣。但百姓的创造是禁止不了的,宋以后,这种集市桥在各地还有所发展,像广东潮安(现潮州市)的广济桥竟成为当地的主要商业区,俗称"一里长桥一里市"。还有的桥因为有"市",就在桥上全部架了屋顶,正式成为横跨河上的长廊式市场了。

虹桥以后,虽然木拱桥的技术失传了,但我国传统的木结构建筑方式还是多少影响了桥梁的建造,在不少产木材地区,留存下来的木结构桥梁也有不少,甘肃渭源县的灞陵桥便是其中的佼佼者。

灞陵桥位于渭源城关南门外的清源河上,是一座单跨木结构拱形桥。它的外形、拱的高度都与《清明上河图》中的虹桥很相似,由此也引起了有关专家的兴趣。现在桥北头与城区相连,南边是开阔的林荫河岸,西望可见鸟鼠山的冰峰,东边是陇南山脉起伏的峦影,在这山水相映的环境中,美丽的灞陵桥影着实为之增辉添色。

灞陵桥原建于明洪武年间(1368—1398),在当时是一

甘肃渭源灞陵桥

座"既济行人，复通车马"的大桥。清源河是渭水上游的支流，常有洪水，明代所建桥也已被水冲毁，现存这座是1919年所造。桥总长44.5米，跨度29.4米，桥高15.4米，桥中央拱梁下距河床8.5米，桥面宽6.2米，整座桥完全用木结构组成。虽然灞陵桥的历史不算太久，但它却采用了古老而有效的建桥技术，不但继承了高山峡谷地区架桥常用的悬臂木桥的结构，而且运用了宋代虹桥叠梁拱的方法，可以说，它是一座古桥梁的活标本，具有较高的研究价值。

灞陵桥主要采用的是叠梁式悬臂结构：桥身共有十三间，

两端五间用的是悬臂梁结构，共出挑五层悬臂，每层各用十根粗圆木组成，从两侧桥墩逐次递级，向上飞挑。中间三间的重量则落在以南北悬臂梁为支座的拱梁上，拱梁以拱骨交叉组成，与虹桥的"叠梁拱"结构颇为相似。这两种结构的组合使灞陵桥身向上耸起，形成凌空卧波、悬妙陡险的优美造型。桥面之上还盖有与桥身结构相应的十三间廊房，上覆略带弧形的卷棚式屋顶，既增加了桥身的美观，又使木结构桥身避免风雨的侵袭。桥两端还建有出檐深远、屋角起翘、有正脊的桥头屋，使拱形的廊桥有一个完整的收头，组成了一幅很协调的水上建筑风情画。

在我国南方，还有一座以桥上建筑著称的名桥，它便是广西柳州三江县林溪乡的程阳桥。郭沫若生前曾游过该桥，深为这座奇桥的风姿所打动，题诗曰："艳说林溪风雨桥，桥长廿丈四寻高。重瓴联阁怡神巧，列砥横流入望遥。竹木一身坚胜铁，茶林万载茁新苗。何时得上三江道，学把犁锄事体劳。"

三江县是我国少数民族侗族聚居地，境内山峦重叠、河川纵横。自古，侗族人民就有搭建桥屋（又称风雨桥）的习惯。林溪河上的程阳桥又名永济桥，是三江县所有风雨桥中规模最大、造型最美的一座。

　　程阳桥是一座石墩木梁桥，石墩用当地产的青石垒成，桥身分四跨五墩，总长 76 米。如此的石墩木梁结构在南方地区的桥梁设计中较为常见，它的最奇处在于桥上的建筑。整个桥面均盖有遮雨长廊，在每个桥墩上又各建有造型别致、富有侗族风格的四层塔楼，它们有主有次，姿态各不相同：正当中的一座塔楼最上层的屋面为六角形攒尖顶，即正六边形平面的尖锥形屋顶；两边两座的第四层屋面是四角形

广西程阳桥

攒尖顶；最两边塔楼的第四层屋顶则是歇山式屋顶，即四坡屋面中有两侧上面转成垂直的三角形墙面。按照传统中国建筑屋面形式的等级，它们是从中央到两侧逐步降级的，而且最外侧塔楼的歇山屋面，也是一般殿廷屋顶的常用形式，较为稳重大方，与六角、四方的攒尖顶正好形成对比。所有塔楼的各层屋面出檐均很深远，起翘也很别致，犹如一群美丽的凤凰停立在翠谷碧水之中，展翅欲飞，婀娜多姿。郭老以"重瓴联阁怡神巧"来描写，真是再恰当也没有了。

程阳桥桥面上的廊和塔楼的柱子、梁枋、栏杆全部是榫卯结构的木制构件，没有用一颗铁钉，在桥廊的木栏杆下还设置了一层外挑 1.2 米的大挑檐，它既美化了桥身，又保护了下面的木梁等构件免遭雨雪的侵蚀，这充分反映了当年造桥匠师对木结构技术应用的娴熟。

在桥上建造四层的塔楼不仅仅是出于艺术上和使用上的考虑，它还起着很重要的结构作用。大桥桥墩之间的净跨距为 14.8 米，桥身正梁所使用的杉木再大也不够长，于是造桥师就在桥壤上放了三层逐渐伸长的杉木作为墩柱挑梁，正梁便架在这些挑梁上。挑梁以桥墩作为支点，要是无重物压着，就容易倾覆，所以五座塔楼还各自起着重力平衡的作用，使负载近十万公斤的正梁得以安然不动。我国广西地处岭南，雨水充沛，在木梁桥上造屋，既可供行人借此避雨歇脚，又可增强桥的稳定性；既可防止雨水侵蚀木材，又能给山水增添无限的画意，确实是综合解决实用、坚实和美观等问题的最好措施。

涉江过海是长桥

"长桥卧波，未云何龙？"这是唐代大诗人杜牧《阿房宫赋》中的两句，这里的长桥指的是连接都城咸阳渭水两岸的大桥。据记载，渭水大桥桥长三百六十步，宽六十尺，由六十八座石拱券筑成，"凡百五十柱，二百一十二梁，以石为墩，刻有力士孟贲等像"。这是我国古籍上有记载的年代最早的长桥。长桥亦是我国古典桥梁中的一大特色，有不少长桥因为构思独特、技术精巧而传名于世。

渭水桥是联拱石桥，到唐朝已没有遗迹可查考了，而就在杜牧出生后不久，一座比它更长、更壮丽的联拱桥在江南诞生了，这便是驰名中外的苏州宝带桥。桥位于苏州市东南，距葑门六里，位于京杭大运河西侧的澹台湖口上。此桥始建于唐元和十一年（816年），南宋绍定五年（1232年）时重建。唐宋以来，京城的盐、米等补给均依赖于江南漕运，为了提高运输速度，多在运河边设立挽道又叫纤道（架设在水面上，纤夫挽船走的道路）。而澹台湖是太湖通往吴淞江出海口的主要通道，不能填土修筑挽道，于是便以桥代

苏州宝带桥

道，修建跨湖口的长桥。

　　因为宝带桥是挽道，又是通向东南的主要驿道，所以不宜采用江南常见的驼峰隆起的高拱石桥，而采用了跨径小而多孔连续、狭长平坦的桥形。桥全长约 317 米，共有五十三孔，每孔跨径除第十四至第十六的中间三孔外，平均为 4.6

米，第十四孔和第十六孔跨径增大到 6.5 米，第十五孔最大，为 7.5 米。古人描述的"孔洞下可通舟楫者五十三，而高其中之三以通巨舰"，指的就是这三孔。跨径加大，桥面也逐渐升高，使这座长桥看上去并不是一平到底，而是在中间第十三孔到第十七孔之间迤逦成美丽的弓形弧线，弧线两侧还有一小段反曲线。平直与弓曲的对比与协调，加上清幽的江南水乡风光衬托，使这座长桥造型越发绮丽古朴，很是符合"宝带"的名称，也难怪自古被人们称为"长虹卧波""鳌背连云"了。

宝带桥在结构技术上也有特殊的考虑。首先，为了便于泄洪和减少湖底地基的承压力，桥墩没有采用宽而厚的实体墩，而使用了截面较小的柔性墩。其次，桥上各拱形孔的形状很接近于半圆形，孔高与孔径之比约等于 1:2，属于陡拱，这类拱对桥台或桥墩所产生的水平推力比较小，有利于桥的稳定。而且陡拱的桥孔下净空大，便于行舟，也利于流水。而从艺术上考虑，桥孔本身与水中倒影均为半圆，虚实相接，成为一个整圆，要是中秋明月夜步经桥上，圆月圆影、波光粼粼、秀媚异常。

"闽中桥梁甲天下"，这是古人对于福建桥多、桥长、桥

泉州洛阳桥

美的赞语，以今而论，除宝带桥等有数的几座，大部分古代留下的长桥的确集中在福建，最出名的要数泉州的长桥了，而其中又以洛阳桥的建造最为奇巧。

洛阳桥位于泉州北二十里的洛阳江入海口的江面上，东临海湾，原先这里是一个繁忙的渡口——万安渡，因这一带海域时有大风，浪高水急，摆渡很不安全，也不适应宋代时泉州飞速发展的对外贸易。于是在宋皇祐五年（1053 年）开始建桥，用了六年八个月，化钱一千四百万文，终于在嘉祐四年（1059 年）建成，名为万安桥。竣工时桥长 1200 米，宽约 5 米，共有四十六座桥墩分桥四十七跨，桥上有五百个扶栏，二十八个石狮，七座石亭，九座石塔，规模极为宏大，是古代著名的梁式长桥。这座桥的建成，与北宋四大书法名家之一的蔡襄很有些关系。蔡襄是状元，官至端明殿大学士，曾两度做过泉州的地方官，并主持修建洛阳桥，深得百姓喜爱，至今在泉州一带还流传着蔡状元起造洛阳桥的故事。

"栀子花开心里娇，蔡状元起造洛阳桥；造了七七四十九只观音殿，文武百官买香烧。"这是当地民谣中的唱词，很形象地将造桥与求神拜佛联系在一起。的确，人们觉得洛阳桥实在太大、太长，不是常人所能为之，自然愿意相信它得到神力帮助了。泉州的地方戏曲中还有蔡状元派夏得海赴龙宫投书的故事：泉州太守蔡襄建洛阳桥，本想用石块垒砌，但海上的潮水会侵蚀桥基，依靠人力实在难以完成建桥工程。蔡襄便派了一名使者前去寻求海神的帮助。使者看着茫茫海面，不知道怎样才能找到海神，便买酒痛饮，醉倒在小艇上。等使者醒来时，发现自己带给海神的文书已经被换了，便将其带给了蔡襄。蔡襄打开一看，上面只写了一个"醋"字。后来蔡襄领悟到，海神的意思是让他于当月廿一日酉时开始施工，那时潮水果然退尽，共用了八天八夜，成功建好了桥墩。

　　这个故事只是人们的一种愿望，实际上造桥工程要艰苦得多。根据桥南头蔡襄祠内所保存的历代记载造桥情况的一些碑刻，我们可以大致了解当时架桥的经过。其中有一古碑道出了蔡襄立誓造桥的原因：古来洛阳江水流湍急，泉州惠安间往来的船只，往往会因触石而沉没，每年死者甚多。即蔡襄的母亲卢太夫人也曾在此受惊，蔡襄便发誓建一桥，以济渡客。蔡襄前后耗费七年时间方完成建桥工程，因此得益的百姓不计其数。另一碑根据蔡襄后裔的讲述写道：这座桥在开工之前，按照预定桥梁的路线，将乱石抛入江中，横过河道，石要抛到相当的宽度，像筑堤一样，以后将牡蛎房散置其上，并经常增添乱石进行补修。两三年后，牡蛎房大量繁殖，能够加固石基，这时再在这石基上安桥墩。墩用条石叠砌成梭子形，潮汐来去时，水力减杀，不能冲动。然后将已琢磨好的长度相同的巨长石梁铺做桥面，先将石梁装于大船面上，待涨潮时，运载着石梁的船即开入两墩间，对准安梁的地点，将船锚定。等潮落时船身随水面渐低，石梁便能搁置在石墩上规定的地方，如此一座大石桥便告成功。这一段话，点出了洛阳桥所使用的前所未有的新技术：筏形基础和牡蛎固基。

　　洛阳桥是我国首创筏形基础的古桥。所谓筏形基础，是在江底沿桥的中心线满抛大石块，并向两边扩展开形成横贯江底的矮石堤来做桥墩的基础。洛阳桥桥基长 500 余米，宽约 25 米，海中深浅不等，工程量极为浩大，但在江海相汇、浪涛搏击的洛阳江口架桥，只有用此法最为坚固。差不多一千年以前，我国工匠就能突破陈规，因地制宜地创造这种新型基础，实在是难能可贵。

　　牡蛎固基则开创了将生物学用于工程的先河。牡蛎是生长在浅海区的有贝壳的软体动物，它的贝壳有很强的黏附岩石的特性，而且繁殖力很强，成片成丛的牡蛎无孔不入地在海边岩礁间密集生长，可以将原本分散的石块胶结成很牢固的整体。蔡襄和当地桥师发动奇思大胆构想，利用牡蛎的这一特性，花费了两三年时间将乱石抛成的零散桥梁基础变为一个整体，充分展现了古代人民的才智。

　　值得一提的还有利用潮位差使石梁就位的浮运安装法。古代泉州一带的长桥多为梁式桥，用的是花岗岩，因跨度大，石梁就要做得很高。例如被称为福建漳州第一长桥的江东桥，其每根石梁长 24 米，宽约 1.5 米，高亦有 1.4 米左右，均重逾百吨，最重的竟达 200 吨。在没有起重设备的古代，

怎样将石梁架到桥墩上，的确是一个谜。通过古人对洛阳桥大石梁安装过程的介绍，人们可以解开这一疑案了。原来福建沿海长桥的石梁一般都是由大船装载运到桥墩中间，利用潮水的涨落来就位的。

洛阳桥竣工后不久，宋室偏安江南、泉州一带，经济上发展较快，由此也引起了一阵造桥热潮。有史料记载，在南宋短短的一百五十多年中，这一带建造了数十座长桥，其中五里以上的桥就有三四座。以"天下无桥长此桥"闻名的安平桥，亦是泉州长桥中的代表。

安平桥在当地俗称为五里桥，位于福建泉州晋江安海镇，

潮州广济桥

跨在晋江和南安两市交界的海湾上。该桥初建于南宋绍兴八
年（1138年），当时记载为八百十一丈长，共三百六十二跨，
超过五里即2500米，现在全桥仍长2251米，是当时世界
上最长的梁式石桥。在郑州黄河大桥于1905年建成以前的
八百年中，这座桥一直是我国最长的一座石桥。

　　在岭南的韩江上，还有一座很奇特的长桥，它不像泉州
长桥那样用大石梁一架到底，而是采用梁桥和浮桥相结合的
方式，可因水位大小随宜开合，是我国古代最早的活动式桥
梁，这就是广东潮州府城东的广济桥，俗称湘子桥。

　　广济桥由三部分组成：东段、西段为梁式桥，中间为浮
桥。它最初修建于南宋年间，后桥久损坏，直到明代宣德十

年（1435 年）才重修。桥东段共有十二跨，长 283 米；西段共有七跨，长 137 米；中间浮桥部分是由铁链串起的十八只木船，全桥共长 518 米。这座桥的最大特点是可开可合，据当地志书记载，明代官府曾派人专门镇守大桥，"岁金桥夫四十名，渡夫十名，以司典守"。这些桥夫、渡夫的一个任务，就是当洪水来时开启浮桥，平时则根据水位涨落情况来调节浮船的高低。当时之所以不在韩江上架永久性石桥，主要是因为"中流惊湍尤深，不可为墩"，并且广东潮州地区经常受到台风、洪水等的危害，永久性桥梁容易被冲垮。因

潮州广济桥的浮桥

此，在长桥中间部位设置能开合的浮桥，实在是因地制宜的好办法。

广济桥的另一个特点是它的桥市。"一里长桥一里市"，这是古人对广济桥市的赞称，其他吟诗作文的、描之于丹青的也不在少数，在我国桥梁史上，被传为一时佳话。桥市的发达当然和古代潮州特产丰富、贸易兴旺、交通便捷这些因素直接相关，但桥梁建筑的奇巧也为桥市创造了好条件。大桥正对潮州府城的东门，正是城关生意最兴隆的地段，而广济桥的桥墩又做得特别大，使桥面宽达三丈，两边完全可以修建一些店屋或楼馆。明宣德年间修桥时，在"桥上立亭屋百二十六间，环以栏槛"，"又建高楼十二，由桥西亭而东为楼五"，"由浮梁而东为楼七"。这样使得桥上木屋鳞次，楼台相对，商贩会集，人群熙攘。当地民间还传着一则"到了湘桥问湘桥"的笑话，意思是说初来广济桥的人因为市集声音喧哗而听不到江水的咆哮，因为店铺密集而望不见宽阔的江面，还要向人打听何处是湘桥。这种桥市，继承了北宋汴京桥市的余意，是人们"发思古之幽情"的好去处。

青山绿水留倩影

大路上的桥，人来人往、来去匆匆，似乎很少有人会停下来仔细欣赏；而园林风景中的桥就大不一样了，它不通车马，精巧别致，除了走人行船之外，很重要的一个作用就是点缀风景，为园林平添佳趣。有些文人小园，占地面积不大，只有些小山小水，本不需要桥，但为了延长游览路线，故意造些小桥，贴水而过，既可作为亭台楼阁的陪衬，又使水中倒影更有层次和变化。而在大型的皇家园林或郊外的山水园林中，水大堤多，更是少不了桥。可以说有古园必有桥影，写景画景也都少不了桥，"画桥依约垂杨外，映带残阳一抹红""波光柳色碧溟蒙，曲渚斜桥画舸通"，这些名句均是中国古代园林桥景的真实写照。

从颐和园万寿山前山南望湖景，首先映入游人眼帘的便是连接南湖岛和东堤的一座长桥——十七孔桥。南湖是昆明湖中直接与万寿山相接的一处水面，郁郁葱葱的小岛位于湖水中央，犹如镶嵌在粼粼碧波中的一颗翠珠。与岛相对应的东堤上，盖了一座八角重檐的特大亭子——廓如亭，而连接着堤、亭和岛的就是十七孔桥。此桥长150米，桥身由十七个拱券组成，桥面微微隆起，如新月初露，曲线十分柔和。据说，当时造桥匠师有感于北京卢沟桥和苏州宝带桥的美，便将两者的优点糅合在一起而架起了这座名桥。桥栏杆的望柱上和桥头刻有许多形态各异、精美生动的石狮和异兽，是乾隆年间造的一座别具风姿的园林联拱石桥。

　　要上十七孔桥，必定先经过一尊姿态雄健、乌黑铮亮的大铜牛，在东堤上看，这铜牛、长桥和廊如亭组合在一起，

颐和园十七孔桥

形成一幅十分美丽的园林图景。关于它们，还有一段颇为有趣的故事。据说当年颐和园全部修建完之后，慈禧派太监李莲英先去巡视。那天，李莲英站在排云殿前，命令开闸放水，他看着这湖山美景，不免得意忘形。正预备去报功，忽然看见那状若寿龟的南湖岛慢慢动了起来，而且还昂起了它那十七节的长颈，把头伸向了东岸。一时间湖面波涛汹涌、风浪大作，把李莲英吓呆了。正在这时，东园墙外突然传来

一阵牛叫，原来是颐和园附近六郎庄的农民外出耕作返村，耕牛在墙外叫了起来。而昆明湖中的这头"大龟"，一听到牛叫便立刻纹丝不动了，湖面也即时平静下来。李莲英赶紧下令铸一大铜牛，立于岸边，盯住这长桥和小岛，并在背上刻了"镇海神牛"四字。事后，慈禧又命在这乌龟背上盖一座龙王庙，所以南湖岛又叫龙王庙岛。

玉带桥是颐和园西堤六桥中的一座，西堤是乾隆帝在修清漪园（即今颐和园）时，仿杭州西湖的苏堤而建的。苏堤位于西湖西侧，自岳王庙东侧向南，直达南屏山西麓，是观赏西湖风景的绝佳处。当年苏东坡修堤时，筑了九亭六桥，并作诗云："六桥横绝天汉上，北山始与南屏通。"乾隆屡次南游都对西湖风景赞不绝口，并将苏堤六桥搬到了昆明湖上。西堤亦在湖西侧，向东南蜿蜒穿越湖上。堤上亦有六桥，最北端是界湖桥，其余依次为豳（bīn）风桥、玉带桥、镜桥、练桥和柳桥。这些桥的取名均很有诗意，如"豳风"取自《诗经》，因为这一带原来有水村居、耕织图等与农事田园有关的景点，是皇帝游园抒发田园诗兴的地方，所以取了个与农业有关的桥名。镜桥则来自"两水夹明镜，双桥落彩虹"，练桥取自"澄江静如练"，柳桥取自"柳桥晴有絮"。

唯有玉带桥得名于桥的整体艺术形象。

　　玉带桥是西堤六桥中唯一的拱券结构石桥，它的桥拱高而薄，轮廓具有流畅挺拔的曲线，称为蛋尖拱。桥身用浅白色青石叠砌，而桥栏则完全用汉白玉雕出。从湖上望去，通体洁白，柔和匀称，恰如一条玉带跨于堤上。桥下是玉泉山泉水注入昆明湖的入口，据说当年慈禧从西直门坐小火轮入园游览，唯有此桥能通过，所以慈禧很喜爱此桥，常常乘龙舟在桥下荡漾。

颐和园玉带桥

美国狱门桥

　　因为玉带桥的拱券非常高，所以桥面就采用了双向反弯曲线，这种特殊的结构形式，在国外也很有点名气。二十世纪初，美国纽约建成了狱门桥，桥大孔上的圆弧两端也呈反弯曲线，形态优美，被称誉为全球拱桥之冠。后来该桥设计者在1917年全美土木工程学会上报告时，曾说这桥的构思受到了颐和园玉带桥很大的启发。我国园林的古桥匠意竟然飞过了大洋，在美国结出了硕果，也不失为是中西文化交流史上的一件逸事。

　　像玉带桥、十七孔桥这样的堤桥、长桥，除了作为园林的一个景点供人游览外，在园林艺术的整体布局上还有分隔水面空间、增加风景进深的作用。分隔水面的一般方法是用堤，但是堤太实，容易完全将水隔死而丧失趣味，所以古典园林中分隔较大的水面大都是堤桥相间。西堤和杭州苏堤上设的六桥，均是有此匠意，用多座形姿不同的桥去打断一片密实的堤岸，使水陆景色现出虚实相济的变化来。而用长桥分水，看上去似隔还连，水能通过桥孔展延出去，增加了风景画面的层次。如十七孔桥和两边的小岛大亭，

网师园引静桥

犹如半边屏障将昆明湖水面划分成既分开又连通的南北两部分。从主要观赏区万寿山前山看湖景，但见水上有岛的配列、堤的穿插、桥的联络，点线结合，主题突出，加大了湖面的纵向进深。

与皇帝园林中的桥相比，江南文人园林中的桥要小巧得多。苏州网师园有座颇有点名气的小拱桥叫引静桥，长仅一米多，漫步而过，三步便可跨越，故此人称"三步拱桥"。桥位于中心水池——彩霞池的东南侧，横跨在从小山背后流出的涓涓溪流上。假山是黄石堆成，虽小，但曲折有致，富有自然气息。"山因水活，水随山转"，有山必有水，所以在山之南便有一溪蜿蜒向北流入大池。这处小溪其实是一水口，有增加池面进深的作用，按一般方法，游径跨过小溪，用一小平板桥即可，然而当年的造园艺术家却不落窠臼，精心设计了一座黄石小拱桥。那微拱的桥身，那仅有尺把高的低栏与周围的假山、河边的驳岸和石缝中绽出的灌木花草配合得十分得宜，使这一景点更有趣味、更为耐看。

园林景桥还常常和各种园林建筑结合起来，组成形形色色的亭桥、廊桥、榭桥或者闸桥。颐和园是古代帝王集全国的人力财力建造的花园，里边造型精巧的各种亭桥就格外多，像西堤六桥的镜桥、练桥都有很漂亮的桥上建筑。镜桥上的是重檐六角亭，练桥上的是重檐方亭，檐下有冷绿色的苏式彩画，配以朱红木柱、白石桥身，点缀在水光山色中分外好看。

廊桥中最有名的要推苏州拙政园的小飞虹。这座桥实际上是斜飞在水池上的游廊，一边连着从倚玉轩过来的长廊，

苏州拙政园小飞虹和松风水阁

一边通向得真亭，廊桥稍稍向上拱起，状若飞虹，故名。由于桥下只用了很细的四个石柱作为桥墩，水面几乎不被遮挡，桥廊也两面开敞，这样就和对面的小沧浪水轩、左右的贴水曲廊组成了一个既完整又开畅流通的水院。从南透过小飞虹的桥脚和栏杆北望，能看到造型轻巧的荷风四面亭屹立于水际，远处还可以看到见山楼和山岛的林木。纵深七八十米的水面上，层次丰富，景观深远，湖光倒影，满目清新。

岭南园林是我国古典园林的一大流派，它的桥景也很别致。广州番禺的余荫山房是岭南四大名园之一，园内围着水池的游廊上有一座小巧的拱桥，叫浣红跨绿桥。桥面高出游廊数步，因而桥上建筑的屋顶也比两侧走廊的屋面稍高，成为一座独立的廊中之亭。从桥身来看，它是游廊上的一段；而从建筑来看，它似乎又构成了独立的单檐歇山方亭，可以说是座亦廊亦亭的奇桥。

扬州瘦西湖的五亭桥在一座桥上错综排列建了五座亭子，算得上是一座奇思异想的桥。据园林专家陈从周的观点，盛清时的扬州建筑匠师都很喜欢学习北京的建筑形式。五亭桥的设计者就是受到北京北海内的金鳌玉蝀桥和五龙亭的启发而构思创造成功的。这座桥平面作"H"形，在四个角上建了四座单檐方亭，在中间修了一座重檐方亭。底下桥墩亦分为四翼，每翼开有三个拱形桥洞，再加上正桥身上的三个大的桥洞，共有大小拱形桥洞十五个，每当中秋游湖赏月，"每洞各衔一月，金色滉漾，卓然殊观"，足可与杭州西湖三潭印月相媲美。

园林景桥的变化，是没有穷尽的。它可直可曲，可高可低，可大可小。一般说来，园中高大平直的桥较少见，而独多曲桥。像上海城隍庙的九曲桥，连接湖心亭和两边湖岸，

余荫山房浣红跨绿桥廊

五亭桥

杭州西湖三潭印月也有一座九曲桥。其他古园中的三曲、多曲平桥就更多了。曲数最多的园桥要算厦门鼓浪屿菽庄花园的四十四曲桥。花园在鼓浪屿南滨，它借山藏海，巧为布置，有着南方园林细腻明秀的美。曲桥横跨海上，三回九曲，"垒石支桥，翼以栏杆"，每在桥的转折处，就建一亭，经十数亭到渡月亭，是临海赏月之处，亭两边有楹联："长桥支持三千丈，明月浮空十二栏。"桥身曲折迂回，美其名曰四十四曲桥。

古代奇桥，举不胜举。在上述之外，还有"横空贯索插云蹊，补天绝地真奇绝"的泸定大渡河铁索桥，有"索桥卧波马惊渡，溜筒凌空人如弹"的都江堰安澜竹索桥，还有甘肃阴平的伸臂木梁桥、绍兴水乡的八字桥等等。这些古桥，都是古代造桥艺术家和匠师们智慧的结晶，它们书写了我国建筑文化中不可缺少的一页。

厦门菽庄花园四十四曲桥

第六章

巧筑拾遗

　　与其他造型艺术不同，建筑是分布广泛、用途庞杂的艺术，除了正规的、可供人们活动的建筑之外，还有许多建筑是仅起点缀装饰作用的小品，因此，要对建筑进行面面俱到、纤毫不漏的分类，实在是很困难。在前面讲过的五大类巧筑奇构之外，我国古代还有许多颇有趣味、构思奇妙的建筑艺术品。从使用功能和艺术特征看，它们并不属于同一个类别，但因为数量少、种类多，这里就集中在一起，综合进行介绍。另外，在古代各种书籍笔记中，也散杂有对当时一些奇构的记述，尽管这些构筑早已化作了云烟，但其巧思奇想还是颇能引起人们的赞叹，作为一点佳佐，也在此处一并分述。

青史垂名有门坊

　　不少外国建筑史学家都说过，中国古典建筑是一种

"门"的艺术。的确，宫殿也好，庙宇也罢，给人印象最深的就是过了一门又一门——明清故宫从正门到金銮殿要过五座门；一般的寺院也均设有头山门、二山门；就是北京最普通的四合院，也有大门（墙门）、前院门、垂花门三座门。这与我国古代礼教中的所谓"门堂之制"有关，也就是说在进入"堂"之前，必须先经过一座独立设置的"门"，堂的级别越高，所经过的门就越多，这样就将室外的露天空间用墙和门规定起来，使它成为建筑的一部分。这和古代建筑覆压大地铺陈排列的群体组合方式是密切相关的。一般而言，门有两个基本功能，一是分隔内外，二是保护防卫。但在建筑群的"千门万户"中间，也有不少门已经失去了原本的基本作用，成为一种权势或礼仪表彰性的标志，其中主要是阙和牌坊。

"阙"是一种很古老的门。据记载，周朝时已有阙，多用在国王和诸侯宫室之外。《史记》载汉高祖刘邦"营未央宫，立东阙、北阙"；汉武帝作建章宫，宫门前也立凤阙"高二十余丈"。可见，这时的阙都相当高大，一般是用土夯成高台，四周再立木构架，上架木檐，可以说是一种高台式的建筑小品。阙立于大道两侧，颇类似今天军事重地门旁的岗楼，古籍《名义考》云："古者宫廷，为二台于门外，作楼观于上，上圆下方，两观相植。中不为门，门在两旁，中央阙然为道。"这大概也是将这种高台建筑小品称阙的原因。宫室外边的阙可能仍具有一点观望防卫方面的功能，但最主要的还是为了渲染气氛，突出宫殿的壮丽，像秦始皇建阿房宫，"表南山以为阙"，就是一例。以后阙渐渐被立于台上的门代替了。但不论是唐大明宫的含元殿，还是明清故宫的午门，两侧伸出的台上所建的阁或亭也都包含了秦汉宫阙的余意。

汉代帝王、贵族和官僚都崇尚厚葬，所谓"事死如事生"，所以他们的陵墓均要"起冢，封山，筑神道墓阙，置园邑"。阙也就从宫城走进了陵园。另外，一些重要的祠庙祭祀建筑为了表明等级和威严，也在门前置阙。这些阙因拱卫在祠庙或陵园中，故多用石构，因此得以留到今天，成为珍贵的古建文物。

河南登封中岳嵩山山麓，至今还立着三座汉阙，其中太室阙和少室阙建于东汉元初五年（118年），是嵩山最古老的建筑。太室阙位于中岳庙中华门前五百米，是汉太室祠庙前的神道阙。阙高 3.92 米，两阙相距 6.75 米。少室阙在少

嵩山太室阙

室山下邢家铺村，阙高 372 米，二阙相距 7.83 米。两阙均为石砌，都附有子阙，阙上部用巨石雕成四坡的庑殿式顶，阙身收分较大，形式古朴厚重，石的加工已比较精细，石上还刻有人物、植物、车马、舞剑及多种神物的画像。特别是少室阙还刻有一双丫髻少女穿紧身衣裤倒立于奔马上的马戏图和栩栩如生的蹴鞠图，是研究东汉建筑和社会生活不可多得的形象资料。

四川雅安的高颐阙为墓前神道阙，两阙相距 13 米，阙前立石巨兽一对，劲健古朴，是汉代雕刻中的精品。石阙亦分主次，但母阙和子阙并不连成一体。主阙身宽 1.63 米，高

5.88 米；造型纯仿木结构，其屋面宽 3.81 米，伸出阙身之外达 1.2 米，用五层石逐级外挑，檐口伸出达 1.2 米，使屋面极为舒展，整个外形在稳定之中现出活泼轻快的情调。阙身四面浮雕人物车马禽兽，屋脊上还镌有口衔绶带的苍鹰，形体和细部

1939 年梁思成测绘高颐阙

处理既丰富又练达，不失为汉阙中的代表。

　　与阙相比，牌坊要普遍得多。古代，凡名胜古迹、庙宇祠堂、陵区墓地，凡需要纪念的，都要建置牌坊。早在十七世纪，一位法国传教士在他关于中国的旅行回忆录中，就专门谈到了牌坊："宁波市仍然满布了中国人称为牌坊或牌楼的纪念性建筑物，而我们则称之为凯旋门，这在中国是十分普遍的。"在某种意义上，牌坊和凯旋门的确有点相似，只是

前者规模要小得多，数量也多得多。

牌坊是从坊门演变来的，我国古代城市里坊的组织很是严密，像唐长安里坊还实行夜禁制度。当时，为了防卫安全，每个街坊均设有门，夜间关闭，并有军士巡夜。坊门一般由两边两根华表，即望柱，中间加根梁枋组成门框，中间加木板门扇。为了便于识别，梁枋上常书上额匾，就变成牌坊门了。到了宋代，随着商业的发展，城市内取消了夜禁制度，里坊的管理也自由放松了，坊门的门扇也失去了意义。渐渐地，各坊仅建一座两柱加横枋的示意性牌门，这就是牌坊。牌坊立于街、巷中间，梁上又悬牌写字，有很大的宣传作用，每个从坊下走过的人都会不自觉地去观赏一番，所以也成了建筑匠人表现艺术天赋的用武之地。工匠们在横梁上加建斗拱和屋檐，飞檐起脊，如同很窄的楼顶，一层檐不够就修重檐，形式也越来越多，木建石构俱全，成为古建筑中很特殊的类别。

在艺术和技术发展的同时，牌坊的用途也从开始的指示坊名变得越来越多样。有的店铺建牌坊在门前作为招牌或广告，有的用作象征性的门楼，而更多的是作为主题明确的纪念性建筑——大型纪念性祠庙的牌坊上常刻圣人言谕以示

颂德，名胜风景区也用牌坊来作为景区有力的起首。统治者
也以立坊来嘉奖有功的大臣，如辽宁北镇的李成梁石坊，就
是明万历帝为了表彰辽东总兵李成梁多次击退女真侵扰而修
的。在封建伦理道德的束缚下，明清时许多年轻便失去丈
夫而坚决不再改嫁的女性唯一的愿望就是到老时能得到一座
"贞节牌坊"，以流芳百世。其他还有地方官示意当地乡绅集
资建造的德政坊等多种含义的牌坊。

　　明中叶以前，牌坊以木构为主，到明嘉靖以后，石牌坊
如同雨后春笋一般在各地兴起，并且在造型雕刻上更踵事增

十三陵石牌坊

华。国内目前最大的石坊——十三陵大牌坊就是在嘉靖十九年（1540年）建的。石坊六柱五间，全为汉白玉雕成，宽达28.86米，总高14米。外形仿木构，门上屋顶由两边向中间依次增高，在五个大顶之间及两侧的柱顶上又加了六个低矮的小檐。这大小高低不同的十一个琉璃瓦坊顶组成了牌坊富有变化的轮廓线，硕大的方形夹柱石上满雕着麒麟、狮子、龙和其他神兽，刀法精细、神态逼真。作为明十三陵神道最南端的起首第一座建筑，这座横跨大道、造型雄伟庄重的石牌坊是极其成功的。

在安徽歙（shè）县城中心的十字街头，有一座国内罕见的明代石牌坊——许国牌坊。石坊一反寻常"一"字形的布局，而以两大两小四坊联立成为牌坊"口"字形的奇特造型，雄踞明代石坊之榜首。石坊正面为南北向，是两座四间三柱、长11.54米的大坊；东西是联结大坊边柱而成的小坊，宽6.77米。牌坊整体为四面八柱，故有"八脚牌楼"之称。石坊用青石制成，仿木结构，柱和枋上雕刻着明代风格的精美图案。坊的八只柱脚共雕有石狮十二只，中间四柱各一只，四边柱各两只，造型生动，勇猛传神，既是石坊艺术上的点缀，又起到夹护石柱的结构性作用。许国牌坊是典

型的"嘉德懿行"的纪念性牌坊。许国是明代中叶的朝廷重臣，他在嘉靖四十四年（1565年）中进士后一直在京城做官，历嘉靖、隆庆、万历三朝，万历十二年（1584年）因在云南"平夷"有功，晋升为太子太保、武英殿大学士，皇帝就命人在其家乡立此石坊，以示表彰。

有些石牌坊从头到脚雕镂极为工细，犹如一件放大了的雕刻工艺品，山西五台山龙泉寺前的牌坊就是这样的一座。石坊建于清代，为汉白玉建造的四间三柱蓝色歇山琉璃顶制式，它的最大特点是精雕细镂，从基石、抱柱、斜撑、额

山西五台山龙泉寺石牌坊

枋、斗拱直到瓦顶、脊兽，都十分细致地刻有各种人物、禽兽、花卉、流云和山水图案，将整座石坊雕琢得玲珑剔透、华彩纷流，充分显示了我国古代民间石雕工艺的高超水平。

　　木牌坊是以传统木结构的形式来建坊，它的历史要比石坊长得多，但因为易损坏，现在留存不多。山西太原晋祠圣母殿鱼沼飞梁前有一座金代构筑的献殿，殿前有月台，为了加强这一建筑序列的气势，明万历五年（1577年）时，在台上造了一座木牌坊，是留存至今较早的木坊。坊三间四柱，题名"对越"。柱为红漆木柱，中间两柱下有较高的基石台座，两侧边柱到地，前后有两块下大上小的抱柱石扶持，另有八根木制斜撑将柱牢牢地固定在月台上。坊的中门较高，枋梁上用密密层层的斗拱前后双向挑出五挑，这在建筑上称"七铺作"，以支撑出檐深远的大屋顶。顶为黄绿两色混合的琉璃瓦歇山顶，四角起翘的曲线很是柔和。正脊上的鸱吻及斜脊上的走兽均为琉璃制，形态生动有神。坊边门较矮，正

晋祠献殿牌坊

间屋顶正好悬排于两侧次顶之上，次顶形式与正顶相同，为半边歇山顶，顶下梁坊上均施彩绘、钩金线，装饰华丽。这一正两副的琉璃瓦屋顶高高挑出在四柱门枋上，远远看去好似层楼迭起，所以这类木制出檐远的牌坊又称为牌楼。对越坊是晋祠圣母殿轴线上的第一座高耸建筑，也是进入正殿前的引导，它玲珑而不失庄重，华丽又不流于烦琐，是古代木构牌坊中的精品。

牌坊外边贴上琉璃砖，便成了五彩琉璃牌坊。清代盛

昭庙琉璃牌坊

期，琉璃烧制技术达到了高峰，所以在帝王直接管辖的庙宇中，琉璃牌坊建造得很多。这种坊，以其华丽多彩的形象，设置在寺庙建筑群的起首处，具有很强的艺术感染力。清乾隆四十五年（1780 年），为了迎接班禅前来祝寿，在承德建了须弥福寿之庙，在北京香山建了宗镜大昭之庙，都以一座琉璃牌坊耸立在山门前点染气氛。这两座牌坊均为四柱三间的拱门琉璃坊，柱脚为汉白玉雕砌，在三个绿琉璃瓦大顶之下，四个柱上又各出一个小檐，拱门上的坊墙上镶贴有生动活泼的龙凤等神物图案的五彩琉璃砖，十分华丽壮观。特别是昭庙牌坊上双龙戏珠等纹饰的巨幅琉璃壁塑，至今仍然保留完好，其雕塑之精细，色彩之鲜艳，构图之完美，是别处看不到的，实为我国古代琉璃工艺品中的杰作。

雄姿常留天地间

"阙"是宫殿的门，"牌坊"是寻常百姓所居街坊的门，城镇围墙上也必有城门，而作为国界线的长城上所建的门楼便是国门。这种墙与门的交织构成了中国古建筑的一大特色。曾有位英国人写了一本《中国建筑》，很敏锐地注意到了这一文化上的奇观："城墙，围墙，来来去去到处都是墙，构成每一个中国城市的框架。它们围绕着它，它们分割它成为地段和组合体，它们比任何其他建筑物更能标志出中国建筑的基本特色。在中国没有一座真正的城市是没有城墙所围绕的，这就是中国人何以名副其实地将城市称作'城'；没有城墙的城市，正如没有屋顶的房屋，再也没有别的事情比这更令人不可思议了。"

事实也的确如此，如果从文化背景上找原因，这大概和作为我国古代主导思想的儒家学说有一定的关系。儒家思想较为尊重传统，具有内向和相对封闭的特点。正因为要内向和封闭，所以从国到省、府、州、县都要用墙围起，从而也创造出形形色色、不同功用的城门建筑来。

城门城楼当然首要是满足防卫的需要，所以一般都建得高大，有居高临下之势，在前边还要绕以护城河，组成所谓"高城深堑"。城上设垛口，即用砖砌成的高约 2 米的锯齿形小墙，每个城垛中均开一个小口用以瞭敌，垛口也称雉堞，在古书上雉堞还有个雅称叫"埤堄"（pì nì），即"睥睨"，意思是只许自己偷看别人，不让敌人发现自己。雉堞一高一低、一虚一实立在城门上，犹如镶嵌在门楼前的一条花边。

为了发现敌人增强防卫能力，城门附近的墙往往设计得凹凸曲折多变，且每每建许多角楼和敌楼，也称箭楼。门洞是守城的薄弱点，在设计上就进行强化处理，多加一道，甚至两三道城门，形成瓮城。如宋代时汴梁"城门皆瓮城三层，屈曲开门"。现存古城中防卫能力最强、瓮城最多的，是南京中华门。南京城是世界上最大的古城，周长达34公里，平均高为12米。中华门是城正南门，前后共有四道城墙，每道墙正中均设一拱形城门，形成一座南北长128米，东西宽118米的四重瓮城。整座城门用大条石、巨砖灌以石灰糯

南京中华门

米浆筑成，固若金汤，首道城门上又建三层庑殿顶重楼。这些完全从实际需要出发的建筑处理使得城门外形十分曲折多变，成为很有艺术魅力的古建筑类型。

北京是明清两朝的京城，正阳门又是当时内城的正门，自然防卫设施最为完备，外部形象也最为雄伟宏大。正阳门也是双重城墙的瓮城，外围城墙为圆弧形，所以又称月城，其平面布局可用"四门，三桥，玉牌楼"来概括。"四门"指正阳门城门、瓮城正中的箭楼门和月城东西两侧开的两个闸门；"三桥"指箭楼前护城河上的三座吊桥；"五牌楼"是指原来五座排列跨在门外主干道上的牌楼。这些城门建筑都是明英宗正统四年（1439 年）修建的。当时，箭楼前正中那座桥和箭楼底下的正门都只能供皇帝的御驾出入，普通百姓只能从左右两座边桥和瓮城东西侧的闸门楼进出。闸门楼没有左右开合的门，只有上面吊的千斤闸，若遇敌人来犯，只要将闸门一松，即可将敌军困在瓮城中。

正阳门城楼是明清两代全城最高的建筑，高 42 米，在北京十余座城门中也是建筑最崔嵬、工艺最精湛的一座。楼面阔七间，为三层飞檐的二层楼阁。下层为涂朱砖墙，正中及山墙面各辟一门。上层为菱花格隔扇门窗，梁枋饰以金花

清末时的正阳门和箭楼

彩云，光彩夺目。屋顶为灰筒瓦、绿琉璃镶边的重檐歇山式，形姿威武雄壮。箭楼的开间和屋顶形制同正阳门楼相同，在东、西、南三面墙上和两檐之间开有箭窗八十二个。北边有抱厦伸出，直通台城顶，其楼身墙砖与城墙相同，外观上好似是城墙向上的有机延伸，十分引人注目。

要是有江河流经城市，那么在河与城的相交处就要设水城，用以抵御水路上的敌人。素有东方威尼斯之称的古城苏州，过去设有水城多座，其中当数保留至今的盘门最古老、最雄奇。盘门位于城西南隅，是国内唯一一座水陆两用

苏州盘门

城楼，因城周围水道、陆路萦回曲折，故称盘门。陆门设有城墙两道，辟门两座，中间为瓮城；水门则设闸两道，城上仍留有绞关石等防御设施。整座城门范围很大，有坡道可登城上，从雉堞间眺望城外，但见宽阔的大运河绕城而过，吴门桥飞架河上，气势很是壮观。此城门建于元至正十一年（1351年），是在原来伍子胥筑的姑苏老城基础上改建的，也是有据可查的苏州最古老的城门之一，在纪念姑苏建城两千五百周年时，全城上下修缮一新，现如今周围已辟为风景游览地供人观光。

　　长城是我国古代劳动人民创造的最伟大的建筑工程，被称为世界上的历史奇迹。长城沿线在险要之处都设有关隘，在今天留存的关隘和关城之中，嘉峪关是保存最完整的一处。与山海关一样，嘉峪关也是"天下第一关"，它位于甘肃河西走廊的西头，明朝万里长城西端的起点。正关门西向，关外为一片戈壁滩；关南有城墙直抵终年积雪的祁连山下；关北的墙伸展出去沿嘉峪塬下九沟十八坡，然后接上高出关城200余米的黑山，一直向东北穿山而去，形势极为险

嘉峪关

要，可称"一人当关，万夫莫敌"。

关城的平面布局为一个西头大、东头小的梯形，周长为733米，合当时的五十亩土地。东、西城中央各辟一门，两门之外均有瓮城围护，两门内各有马道直达城顶。在西头城墙外侧又加筑了一道以石条卧底、内外均包砖的高大城墙，称为"罗城"，加固了迎敌一面的防御工事。整座关城城墙高10米，上有城垛1.7米，在一片戈壁滩上显得很是醒目。在东、西两门上，各筑一座形制相同的城楼，均面阔五间、高三层，四周围廊，采用歇山式屋顶，高19米，形姿甚为威武。原来最西侧的罗城上也有一座相同的城楼，"天下第一关"的匾额便悬其上。像这样自西向东同一轴线上列三座城楼，也是城门建筑中少见的设计。这一重关一重城的布局使得当年祖国西大门的雄关坚不可摧。传说明洪武初修建此关时，建筑匠师用料计算极为精确，竣工后只剩下城砖一块，就放在西城楼的后面，成为流传一时的美谈。

除了御敌防卫之外，门楼有时也作为一种表示权力、表示威严的标志性建筑，明清皇帝陵园内的方城明楼就是这种建筑。古代皇帝为了维护他们世袭的皇位，提倡"厚葬以明孝"，往往一当上天子，就会动用大量的人力物力修建巨大的陵墓。陵墓的形制一般仿照宫室，布置成三重院落。以明长陵为例：从陵门到棱恩门为前院；棱恩门后为中院，布置着最主要的地面建筑祭殿——棱恩殿；殿后又穿过一门便是后院，后院的主建筑便是方城明楼，它是陵墓核心地宫的门户，再后面便是覆在地宫上的圆形封土堆——宝顶。宝顶四周做成城墙形式，正中扩展成一方台，台下又辟一拱门，形似城门洞，称作方城；台上立碑亭，称作明楼。实际上是保卫着故去皇帝的城楼。长陵方城明楼虽然形体不大，但它的

长陵明楼

色彩配合得十分醒目：红色的城墙，汉白玉石刻成的城垛上耸立着方形的明楼，明楼上部以黄琉璃瓦的歇山顶收头。整个形象于端庄之中显出明秀，是一座很成功的纪念性城楼建筑。

影壁、华表的奥秘

墙多，是中国建筑的一大特征，但是为了使用，必定要在墙上开门，而且为了表示气派，向南的正门还要开得又大又宽。这样一来，对于注重封闭和内向的传统古建筑群来说，就显得有点暴露了。于是，古代建筑设计家就在大门前造一堵墙作为屏蔽，使通衢（qú）上往来之人不能窥探里边情况，这堵墙就叫影壁，也叫照壁。这种特殊的建筑形式最初在官宦大户人家门前用得较多，如《红楼梦》第三回林黛玉初到荣国府，也看到"北边立着一个粉油大影壁"。后来寺庙也在山门前建置影壁，现在留存的影壁大多是寺庙中的遗存。与牌坊一样，影壁建在大门前，很为出入来往的人们所注意，渐渐地，人们便在墙上写些诸如福、寿之类的吉祥词语，有的也在壁上作画。我国古代曾经很盛行壁塑艺术，这是一种将雕塑与绘画相结合的艺术，即用泥在墙壁上进行雕塑，或凹或凸，或人物或山水，等其干后，再以"墨随其形迹，晕成峰峦林壑"。据宋代邓椿《画继》卷九中的介绍，这种艺术碰巧也叫影壁。建筑中的影壁后来可能受这种造型影壁的影响，也在壁面雕刻图案、塑造龙兽等形象，慢慢成为与雕塑艺术结合得很紧的建筑小品。

在北京北海公园五龙亭东北的澄观堂前的铁影壁，是国内留存至今最古老的影壁之一。这座影壁建于元代，它原来是北京德胜门内铁影壁胡同德胜庵门前的照壁，后德胜庵损毁，为保存此影壁而将其移入北海公园。铁影壁并不高大，高仅 1.9 米，檐长 3.56 米，但却是件很珍贵的文物。清代北京城曾传有五件著名的文物建筑小品：金门墩、银闸、铜井、锡殿和铁影壁，号称"金银铜铁锡"。其他四种现已无迹可寻，唯有这座铁影壁还保留着。影壁表面呈黑褐色，粗看好似以铁铸成，质地非常坚硬，实际上是火山喷发而形成的一种中性火山岩。影壁一面雕刻着一只大狮和三只小狮在树下滚绣球；另一面雕着一只麒麟卧于苍松岩石旁。四周壁座是奔马图案和精致的花边。雕刻刀法古朴，生动有力，是少见的元代雕刻珍品。影壁上雕成筒瓦挑檐，脊上原有一对相对

北海铁影壁

而视、蹲伏两端的吻兽，形象极为生动。后因有一外国文化强盗对此壁馋涎欲滴，为防止影壁落入洋人之手，德胜庵的住持和尚便忍痛将两吻兽凿去。小小一座影壁还有着如此坎坷的经历，令人感慨不已。

在铁影壁东北方不远，立着一座名声比铁影壁大得多的影壁——九龙壁。九龙壁和铁影壁外观形象完全不同。如果说铁影壁是一个黑不溜秋的乡下小子，那九龙壁就像是打扮得花枝招展的城里姑娘。这两座同为稀世文物的影壁建筑离得如此近，也是历史的一个偶然。

九龙壁是一座彩色琉璃砖影壁，原为明朝西苑北隅大西天经厂前的照壁。明神宗万历的生母李艳妃笃信喇嘛教，她便在宫内建宝华阁、英华殿、宝华殿、梵宗楼供奉佛像，又在北海北岸建大西天经厂进行译经、印经等活动。为了要镇住火神，预防经厂失火，于是就在厂门前筑起了这座有九条五色蟠龙与海水形象的影壁。清代乾隆皇帝十分喜爱这座艺术珍品，曾重修翻新过。壁建于青白玉石台基上，上有绿色琉璃须弥座，面阔 25.86 米、高 6.65 米、厚 1.42 米。壁面前后各有九条抢珠追逐、奔腾在云雾波涛中的琉璃浮雕神

北海九龙壁

龙，姿态矫健、形象生动。壁东端为旭日东升、江崖海水、流云纹饰，西端的江海云雾之上为明月当空，壁身上为琉璃斗拱，顶为琉璃庑殿式。除了前后的九条大龙之外，壁的正脊、垂脊、筒瓦、陇垂（滴水）及斗拱上也分别雕有大小形姿不一的小龙，全壁共有大小神龙六百三十五条。这座龙壁是装配式的艺术佳作，全壁共用四百二十四块预制七色琉璃砖砌筑而成，施工对缝细密、工艺精湛。整体艺术上比例匀称、色彩绚丽、华丽而又端庄，堪称明清影壁艺术的巅峰。

山西五台山著名古刹龙泉寺位于九龙岗山腰，入寺要向北登一百零八级台阶，方可到达山门。当年的建筑匠师很得体地在台阶下设置了一座影壁，壁为砖砌，正中嵌有一块巨大白石，雕刻文殊菩萨骑象图案，既点出了五台山供奉的主题，又与台阶上的汉白玉牌坊遥相呼应，成为进山门前很好的引导。

影壁既可石雕也可砖刻。上海松江方塔园内有一影壁，是明代砖雕艺术的杰出作品。此壁原是府城隍庙的影壁，三间面阔计 6.1 米、高 4.75 米，整个壁面是一巨幅砖雕，除了刀法精巧、形象生动之外，雕刻主题也十分耐人寻味：画面以一怪兽为主体，此兽长着鹿角、狮尾、牛蹄、龙鳞，足踏元宝、如意、珊瑚、玉杯，身旁环绕摇钱树、仙山灵芝等物。传说此兽名"猭"，生性贪婪无比，只吞吃贵重之物，在吃过金钱财宝之后，来到海边看到旭日火红闪亮，亦要吃下肚去，结果淹死海中。

华表与牌坊、影壁一样，也是古建筑常用的小品。今天人们熟知的只是天安门和十三陵前的汉白玉盘龙华表，其实在古代房屋、庙宇、桥梁的入口处均可设立华表，比如前面提到过的《清明上河图》中汴梁虹桥前的白鹤华表。华表的历史极为久长，它古称"恒表"，是黄帝时代中原各部落的一种标志，类似于今天人们说的图腾柱。但华表一般以一对的形式出现，是带有标志意义的望柱，较少带有图腾柱那种崇拜的成分。到后来，华表除了标志某些重要建筑物之外，还被运用在陵墓建筑中，刻上某已故权贵的姓名，成为墓表。墓表具有很强的纪念意义，倒有点类似于国外的纪念柱。像位于南京郊区的六朝萧景墓墓表，圆柱上顶着一覆莲形的石盘，盘上昂首挺立着一尊雄健的石麒麟，无论是从比例还是从造型来看，均称得上是墓表中的佳作。特别是柱身上刻的凹槽线脚，棱角向外，极似希腊古典多立克柱式之柱身刻纹，显得非常有力刚强。

墓表中最奇特的要数河北定兴县石柱村的义慈惠石柱。石柱高 6.65 米，柱基石为一方形巨石，边长约 2 米；基石上有覆莲座柱础，雕刻粗壮有力，为北朝手法；柱身为不等边八角形，收分明显、比例匀称。最奇特的是柱顶，在柱身上端有一方形石板，板上置一座面阔三间、进深二间的石雕小屋，屋为单檐庑殿顶，刻有屋顶、檐椽、角梁、枋梁、柱子等，小屋前后正中的明间都刻有佛像，是一座木结构殿宇模型。像这样将民间的佛殿作为纪念柱顶上的重要饰物，大概古今中外没有第二家。石柱建于北齐，实为当时一支农民起义军失败后，百姓自发收拾义军残骸合葬处的纪念性墓表。

萧景墓墓表

义慈惠石柱

柱身上周刻着三千余言的颂文，记叙了当时义葬和建柱的经过，有较高历史价值。

形、影、声、色交响曲

我国古代的科学技术曾经达到过相当高的水平，在对中国整个科学技术史做出全面研究和考察之后，李约瑟博士认为，我国在"公元三世纪到十三世纪之间一直保持着西方世界所望尘莫及的科学知识水平"。进行科学研究，也需要建筑和仪器设备的辅助，特别是研究天文学，每每要测日影、观星象，自然离不了高台。河南登封的观星台和测影台是国内现存最古的两座天文建筑，而观星台的构思最奇巧。

天文学是我国古代相当发达的科学，从周代起，宫廷专门设立官员定期研究天象。"中国"是世界的中心，河南则是中国的中心，当时河南又名中州，因此自古就在这里设台进行观察也在情理之中。这座留存至今的古观星台在登封市东南三十里的告成镇，是元代大科学家郭守敬所建。告成镇古称阳城，相传周公曾在这里测过日影。为了纪念周公，唐开元十一年（723年）在告成"立石为表"，利用石柱来测

日影的长短，作为历法的依据。到元代，天文又有了新的发展，自周至宋沿用的测影表只有八尺高，已不能满足需要，为了取得更精密的数据，郭守敬提出将八尺加高到四十尺。朝廷在推行历法改革的同时又下令在全国各地建立观察台网，"四海测验只二十七所"，登封

登封观星台

告成观星台是唯一留下的一座，它建于元至元十六年（1279年），至今已有七百多年历史了。

这座观星台其实就是利用建筑本身构成一个巨大的测量仪器，主要由一覆斗式的砖台和量天尺组成。台平面为正方形，高四十尺，实际只有 9.46 米，为了构造上的需要，立面收分很大，成为一覆斗形，台的北侧设有两个对称的踏道，可以登台观察。台的正中有一个凹槽，槽内的直壁就是

作为测影的表高，从槽和地面交接处一直向北，在地上铺了三十六块方圭石，长 31.2 米，这就是量天尺，其方位与今天测量出的子午方向相符。圭面刻有双股水道，水道南侧有注水池，北侧有泄水池，水道也刻有尺度，用以保持水准和测量。台上原先还设有计时用的"滴漏壶"和其他观察仪器，故称观星台。从建筑上看，观星台完全按照科学实验要术精密设计而成，没有多余的装饰，其造型很有点秦汉时夯土高台的意味，十分古朴。明代时人们又在台上加了一座小屋，更增加了台的传统色彩，它不仅是中国，也是世界上重要的古代天文遗迹，也从另一侧面反映了中国传统建筑的精巧和奇妙。

元代以后，戏曲艺术开始兴起，演戏需要舞台、戏院等场地，它们和一般的酒楼、饭庄稍有不同，对声音、视线和观赏空间等均有一定要求，也更能表现出建筑匠师们的机巧匠心。留至今日最巧妙、最豪华的戏台便是颐和园德和园的大戏台。这座戏台建于清末 1891 年，是为庆贺慈禧六十三岁寿辰而造的。戏台高三层，达 21 米，进深和面阔均为三间，底层宽 17 米，四周开敞用作舞台。在清代三大戏台中，此台规模和设计要超过故宫的畅音阁和避暑山庄的清音阁，堪称古代舞台之最。

　　舞台最奇巧之处是设有"天井"和"地井"。天井直上三层，顶端有绞车牵引，可以巧设机关布景，类似于现代舞台的高架吊景棚。地板下设有"地井"，亦可储放道具和供备演员出入，特别是在演出神鬼戏时，"神仙"从天而降，"鬼怪"从地而出，变幻无穷。为了增加声音的混响和共鸣效果，在戏台底部掘有一口深井和五个水池，这也是表演时

德和园戏台

所需的水源。演戏时，台上可喷出极为壮观的水景。大戏台南部毗连的两层扮演楼是规模巨大的后台。清末正是我国京剧艺术的极盛时期，慈禧又是个戏迷，当时的著名演员如杨小楼、谭鑫培等都在这里演过戏。据他们回忆，在这座戏台上念唱，声音要比其他地方洪亮，可见这座戏台在声学设计上也有相当的考虑。戏台的造型也很华丽端庄，三层楼房的高度和宽度层层向上收小，除楼层的栏杆和门窗外其余均用石绿、湖蓝等冷色调，以反衬演戏时的灿烂色彩。顶为卷棚歇山式，飞檐起翘，甚为柔和，单就其木构楼阁来看，也是难得见到的精品。

除了木构、砖构、石构的传统建筑外，我国古代还出现过不少金属铸成的亭殿房屋。特别是明清时期，我国金属浇铸工艺达到了相当高的水平，于是出现了全部用铜铸成的建筑，其中大多数是寺庙中殿阁，人称"金殿"，这种建筑在武当山、峨眉山、五台山等均有，这些光灿灿的建筑点缀在绿树红墙中，为庙宇增色不少。有些当时的官僚贵戚也喜欢在花园中建铜亭或金殿。清代吴敬梓在《儒林外史》中，曾写到南京中山王府的假山上建有一座铜亭，它利用铜材导热好的特点，将建筑结构构件同取暖设施一起考虑，冬天在地下烧火，整座亭子便暖洋洋的。清初时吴三桂在昆明东北鸣凤山上造的金殿，其实也是这样的铜亭子。使用昂贵建筑材料来造房屋，主要是为了炫耀主人在政治上和经济上的特殊地位。

颐和园佛香阁西侧有座立在汉白玉台座上的重檐歇山顶铜铸方亭，叫宝云阁，是清乾隆时造的。铜亭完全仿木结构，从柱、梁、斗拱、椽瓦、隔扇、联额等全部以精铜铸成，通体呈蟹青古铜色，表面还用拔蜡法铸出精美的花纹，制作工艺十分复杂。亭通高 7.55 米、重 207 吨，其形制、造型和工艺水平均为同类建筑中的上品。

在云南西双版纳勐海县景真山上，是碧波潋滟的景真湖，东边就是传说中孔雀公主经常洗澡的地方，有一座以造型优美、结构特殊而驰名的佛

颐和园宝云阁

教建筑——景真八角亭。亭建于傣历 1063 年（公元 1701年），原为景真地区中心佛寺瓦拉扎滩的组成部分，但寺庙已毁只余此亭。

八角亭为砖木结构，由亭座、身、顶和刹杆组成。亭座为方形平面，每角各向内收二折，类似喇嘛塔"亞"字形须弥座。亭身为相同的多角形砖墙，墙内外均抹浅红色灰泥，并用金、银彩绘上各种图案，在四个正方向开有尖拱形的门。亭顶的形式最为奇异变化：在圆形屋檐上分八个方向建起八组十层悬山式小屋顶，如鱼鳞似的层层相套，越往上越收小，形成造型丰富多彩的小屋面群，最后集中到中央，收于一个状如华盖的金属圆盘之下。盘上又放置小金塔，屋脊上有火焰状琉璃脊饰，上有一根细尖的刹。整座亭子高约 16 米，形象好似一朵千瓣莲花，玲珑秀丽极为罕见。传说这是当年佛教徒为了纪念释迦牟尼而仿照他所戴金丝台帽而建的。

巧异的行游建筑

我国地域广大、人口众多，历史上所进行的建筑营造活动的总量可称世界第一，在这中间出现的巧筑奇构何止千万。然而，因为年代久远，它们中的绝大部分都在水、火、地震等自然灾害和战火兵燹的摧残袭击下损坏倒塌了。前面介绍过的也只能是"挂一漏万"，很不全面。但建筑在古代士大夫文人的眼中，并不是一种真正的艺术，它的地位是不能同诗、画等文人艺术相提并论的。正如英国艺术史家弗莱彻所说的："西方人心目中的美术，只有绘画为中国人所承认，雕塑、建筑以及工艺品都被认为是一种匠人的工作，艺术是一种诗意上的（感情上的），而不是物质上的。"因此，尽管历史上每朝每代都要大兴土木，建都城、宫殿、坛庙、寺院，其中也不乏传世的杰作，但具体记载其设计特点和施工过程的却非常少，与汗牛充栋的绘画书法方面的述著正好是个对比。这样，有不少奇构一旦毁坏便在历史上消失了。另外，由于古代建筑匠师的社会地位普遍较低，大多数艺术价值高的建筑都没有留下创作者的姓名，除了鲁班、喻皓等少数几个有点被神化了的大匠，古代辉煌灿烂的建筑都是"无名英雄"纪念碑，这不能不说是中国建筑史的一个遗憾。

所能略补此憾的是古代留下的大量文人随笔、杂记中间还多少留有一点有关建筑能工巧匠和奇思异想的记载。就像韩愈所写的《梓人传》，能在我们面前展现一位唐代建筑大匠的形象，他既有艺术设计天赋，又有施工组织才能，运筹帷幄，指挥在营造工地上。在关于奇巧建构的零星文字中，最能引起人们兴味的是有关可移动房屋的记载。

宇文恺是隋朝的贵族，又是建筑史上著名的设计家、发明家。唐长安城的规划和太极宫的殿廷建筑，就是沿用了宇文恺设计规划的隋都大兴城的旧制。唐太宗对宇文恺也很是佩服，一次因故要扩大某一城门，太宗没同意，说"宇文恺所构多有奇思"，对前朝设计师如此佩服，足见宇文恺名声之大。大业三年（607年），隋炀帝在榆林会见突厥可汗，命他制大帐，结果设计制成了"其下可坐数千人"的特大帐篷，"帝于城东御大帐，备仪卫宴启民可汗及其部落，作散乐，诸胡骇悦"。后来宇文恺又发明了可装、可拆、可移动的宫殿——观风行殿，即观光巡回用的移动式建筑。殿上可容纳帝王及侍卫人员数百人，可"离合为之"，"下施轮轴，推移倏忽，有若神功，戎狄见之，莫不惊骇"，即可分可合，十分灵活，殿堂下面有轮子的移动式建筑，见者无不称奇。这种观风行殿主要在会见当时北方及朝鲜等邻国首脑时乘用，华丽宏伟的形象、奇巧的构思，具有一种很强的震慑作用。宇文恺巧妙利用建筑艺术的手段来显示朝廷的威严和豪华，达到镇抚和宣慰的目的。

可能由于传统木构框架便于装拆，古籍中记载的活动房屋也较多。如六朝齐惠文太子，生活非常奢靡，他所居的宫室和花园叫元圃，位于建康台城北，据说其园内楼观塔宇称得上是"精绮过于王宫"，并且"聚奇石，起土山池阁，妙极山水"。惠文太子怕皇帝看到了责罪自己，就"造游墙数百间"，在园内种植翠竹、修筑高大的游墙建筑。这游墙就是能移动、可装可拆的遮挡视线的高墙。当时这种奇巧的活动建筑似乎很流行，比如湘东王苑圃中的乡射堂也是"堂置行棚，可得移动"。不过，这些房屋只是在陆地上可进可退，要是将房屋建在船上，就成了水上建筑，能够活动的范围就更大了。当然普通的舟船在某种意义上也可算作流动于水上的小筑，但这里说的是规模极大，在船上堆山造景，长期生活在上面的浮动式园林建筑。

宋人孔平仲的《续世说新语》中记载：南朝有人将十多条大船用铁链捆起来，像当年曹孟德做连环船一样，组成很大一块水上活动场地。再在上面建亭台、开池沼、种荷花，并于月夜邀请宾客，"泛长江而置酒"，这可真是良辰美景、赏心乐事集于一船。自然被人称羡一时，后世文人也多有效仿，特别是江浙一带，水网四通八达，田园山水处处皆图画，本身便是一所大的风景园林。于是有不少富于创新精神的文人雅士不满足固定在一地一隅营建自己的私园，便借鉴了前人水上建筑的经验，很巧妙地生出了造水上园林的主意，以求能够较长时间随意自由地在"大花园"中徜徉。他们有的用大毛竹扎成巨筏，在筏上建构篷屋小轩，其中布置了桌椅靠凳、床帐卧具、琴棋书画用品，以及生活所需的锅灶炊具等。筏四周围以朱栏，平时以青布围遮，舟行看景时就揭去。经年累月泛游水上，人称"浮海槛"。有的则在大游舫上以棕或茅打造亭样小建筑，并在亭子前后堆土种花，按一般文人园林样式布置点石小景。坐这样的船出游看景，舟上小景为近景，远山近水为远景，趣味更浓。

移动建筑中最有意思的是南宋官僚张功甫在他自己的南湖园中，模仿秋千形式建造的可来回活动的秋千亭。这秋千亭"于四古松间，以巨铁亘悬之半空，而羁之松身"，即在园内四棵大松之间用铁索吊起一座亭屋，"当风月清夜，与客梯登之，飘摇云表"，可真是有如凌驾云霄一般，故取亭名为"驾霄"。

　　秋千式的摇亭因地制宜、奇想独出，的确称得上园中之巧筑，但论造亭材料的名贵罕见程度就显得普通了，古时最名贵的亭要推孔雀翎毛亭。

　　1761 年，是乾隆皇帝生母孝圣宪太后七十大寿，为了博取太后的欢心，乾隆决定在畅春园宫门外修建一条苏州买卖街。店伙、厨役由苏州地方选派，建筑则由各省总督、巡抚等大员筹资包建。各省大吏得旨后高兴若狂，一则可乘机奉迎皇上，二来可中饱私囊，于是一场争宠竞赛遍及全国。能工巧匠经多方调集，一条豪华的苏州街在皇家花园内很快建起。生日那天，皇太后最感兴趣的就是长芦盐商建造的孔雀亭。亭为八角形，基座用汉白玉垒砌，上面木结构构件全部油饰彩画，还镶嵌珠玉翡翠，最妙的是两层亭顶，以广东外商采运来的特大孔雀翎替代琉璃瓦，上檐结顶也不置宝瓶，而是立一只展翅欲飞的孔雀标本。远远望去，整座亭子千波金线、万眼花翎，宛如一只大孔雀。此亭在 1860 年，被英法侵略军焚毁。

本书图片得到以下专业人士及机构的大力支持，特此鸣谢说明

捷克首都布拉格的建筑屋顶　　　　北海白塔

中山公园社稷台五色土　　　　　　北京大正觉寺金刚塔

大同北魏明堂　　　　　　　　　　北京西黄寺清净化城塔

五台山南禅寺模型　　　　　　　　颐和园仁寿殿

五台山佛光寺模型　　　　　　　　北海五龙亭

上华严寺大雄宝殿及模型　　　　　颐和园清晏舫

悬空寺局部　　　　　　　　　　　北海铁影壁

西藏拉萨布达拉宫　　　　　　　　德和园戏台

布达拉宫白宫　　　　　　　　　　颐和园宝云阁

山西太原晋祠圣母殿及模型

以上图片均由董蕾拍摄

天坛　　　　　　李雪梅／摄

山西悬空寺　　　曹昱媛／摄

应县木塔　　　　彭明浩／摄

北京中轴线　　浙江东阳卢宅　　唐长安城模型　　大明宫麟德殿复原效果图
为网络图源

其余图片为汇图网（www.huitu.com）提供版权